안쌤의

STEAM
+ 창의사고력 수학 100제

초등 5학년

시대에듀

안쌤의

STEAM + 창의사고력 수학 100제

초등 5학년

안쌤 영재교육연구소

안쌤 영재교육연구소 학습 자료실

샘플 강의와 정오표 등 여러 가지 학습 자료를 확인하세요~!

이 책을 펴내며

STEAM을 정의하자면 '과학(Science), 기술(Technology), 공학(Engineering), 수학(Mathematics)의 연계 교육을 통해 각 과목의 흥미와 이해 및 기술적 소양을 높이고 예술(Art)을 추가함으로써 융합사고력과 실생활 문제해결력을 배양하는 교육'이라 설명할 수 있습니다. 여기서 STEAM은 과학(S), 기술(T), 공학(E), 인문 · 예술(A), 수학(M)의 5개 분야를 말합니다.

STEAM은 일상생활에서 마주할 수 있는 내용을 바탕으로 다양한 분야의 지식과 시선으로 학생의 흥미와 창의성을 이끌어 내는 것입니다. 학교에서는 이미 누군가 완성해 놓은 지식과 개념을 정해진 순서에 따라 배워야 합니다. 또한, 지식은 선생님의 강의를 통해 학생들에게 전달되므로 융합형의 내용을 접하기도, 학생들 스스로 창의성을 발휘하기도 어려운 것이 사실입니다.

『STEAM + 창의사고력 수학 100제』를 통해 수학을 바탕으로 다양한 분야의 지식과 STEAM 문제를 접할 수 있습니다. 수학 문제를 통한 수학적 지식뿐만 아니라 현상이나 사실을 수학적으로 분석하고, 추산하며 다양한 아이디어를 내어 창의성을 기를 수 있습니다. 『STEAM + 창의사고력 수학 100제』가 학생들에게 조금 더 쉽고, 재미있게 STEAM을 접할 수 있는 기회가 되었으면 합니다.

영재교육원 선발을 비롯한 여러 평가에서 STEAM을 바탕으로 한 융합사고력과 창의성이 평가의 핵심적인 기준으로 활용되고 있습니다. 이러한 평가에 따른 다양한 내용과 문제를 접해 보는 것은 학생들의 실력을 높이는 데 중요한 경험이 될 것입니다.

"아무것도 아닌 것 같은 당연한 사실도
수학이라는 안경을 쓰고 보면 새롭게 보인다."

강의 중 자주 하는 말입니다.
『STEAM + 창의사고력 수학 100제』가 학생들에게 새로운 사실을 보여 주는 안경이 되기를 바랍니다.

안쌤 영재교육연구소 수달쌤 이 상 호

영재교육원에 대해 궁금해 하는 Q&A

영재교육원 대비로 가장 많이 문의하는 궁금증 리스트와 안쌤의 속~ 시원한 답변 시리즈

No.1 안쌤이 생각하는 대학부설 영재교육원과 교육청 영재교육원의 차이점

Q 어느 영재교육원이 더 좋나요?

A 대학부설 영재교육원이 대부분 더 좋다고 할 수 있습니다. 대학부설 영재교육원은 대학 교수님 주관으로 진행하고, 교육청 영재교육원은 영재 담당 선생님이 진행합니다. 교육청 영재교육원은 기본 과정, 대학부설 영재교육원은 심화 과정, 사사 과정을 담당합니다.

Q 어느 영재교육원이 들어가기 쉽나요?

A 대부분 대학부설 영재교육원이 더 합격하기 어렵습니다. 대학부설 영재교육원은 9～11월, 교육청 영재교육원은 11～12월에 선발합니다. 먼저 선발하는 대학부설 영재교육원에 대부분의 학생들이 지원하고 상대평가로 합격이 결정되므로 경쟁률이 높고 합격하기 어렵습니다.

Q 선발 요강은 어떻게 다른가요?

A

대학부설 영재교육원은 대학마다 다양한 유형으로 진행이 됩니다.	교육청 영재교육원은 지역마다 다양한 유형으로 진행이 됩니다.
1단계 서류 전형으로 자기소개서, 영재성 입증자료 2단계 지필평가 (창의적 문제해결력 평가(검사), 영재성판별검사, 창의력검사 등) 3단계 심층면접(캠프전형, 토론면접 등) 지원하고자 하는 대학부설 영재교육원 요강을 꼭 확인해 주세요.	GED 지원단계 자기보고서 포함 여부 1단계 지필평가 (창의적 문제해결력 평가(검사), 영재성검사 등) 2단계 면접 평가(심층면접, 토론면접 등) 지원하고자 하는 교육청 영재교육원 요강을 꼭 확인해 주세요.

No.2 교재 선택의 기준

Q 현재 4학년이면 어떤 교재를 봐야 하나요?

A 교육청 영재교육원은 선행 문제를 낼 수 없기 때문에 현재 학년에 맞는 교재를 선택하시면 됩니다.

Q 현재 6학년인데, 중등 영재교육원에 지원합니다. 중등 선행을 해야 하나요?

A 현재 6학년이면 6학년과 관련된 문제가 출제됩니다. 중등 영재교육원이라 하는 이유는 올해 합격하면 내년에 중 1이 되어 영재교육원을 다니기 때문입니다.

Q 대학부설 영재교육원은 수준이 다른가요?

A 대학부설 영재교육원은 대학마다 다르지만 1～2개 학년을 더 공부하는 것이 유리합니다.

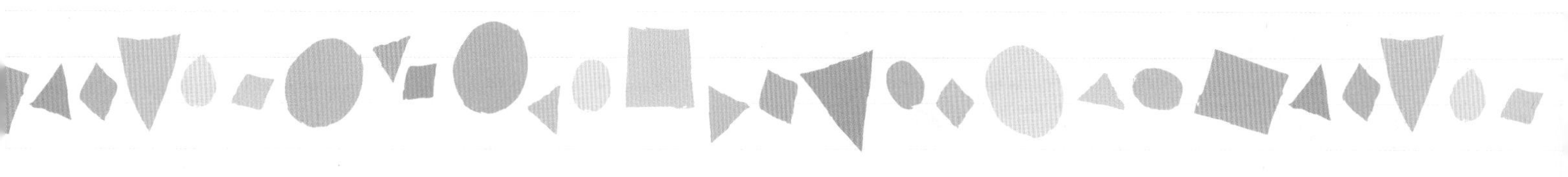

No.3 지필평가 유형 안내

 **영재성검사와 창의적 문제해결력 검사는 어떻게 다른가요?**

 **과거**

영재성 검사		학문적성 검사		창의적 문제해결력 검사
언어창의성 수학창의성 수학사고력 과학창의성 과학사고력	+	수학사고력 과학사고력 창의사고력	=	수학창의성 수학사고력 과학창의성 과학사고력 융합사고력

현재

영재성 검사	창의적 문제해결력 검사
일반창의성 수학창의성 수학사고력 과학창의성 과학사고력	수학창의성 수학사고력 과학창의성 과학사고력 융합사고력

지역마다 실시하는 시험이 다릅니다.
서울: 창의적 문제해결력 검사
부산: 창의적 문제해결력 검사(영재성검사+학문적성검사)
대구: 창의적 문제해결력 검사
대전+경남+울산: 영재성검사, 창의적 문제해결력 검사

No.4 영재교육원 대비 파이널 공부 방법

Step1 자기인식

자가 채점으로 현재 자신의 실력을 확인해 주세요. 남은 기간 동안 효율적으로 준비하기 위해서는 현재 자신의 실력을 확인해야 합니다. 기간이 많이 남지 않았다면 빨리 지필평가에 맞는 교재를 준비해 주세요.

Step2 답안 작성 연습

지필평가 대비로 가장 중요한 부분은 답안 작성 연습입니다. 모든 문제가 서술형이라서 아무리 많이 알고 있고, 답을 알더라도 답안을 제대로 작성하지 않으면 점수를 잘 받을 수 없습니다. 꼭 답안 쓰는 연습을 해 주세요. 자가 채점이 많은 도움이 됩니다.

안쌤이 생각하는 자기주도형 수학 학습법

변화하는 교육정책에 흔들리지 않는 것이 자기주도형 학습법이 아닐까?
입시 제도가 변해도 제대로 된 학습을 한다면 자신의 꿈을 이루는 데 걸림돌이 되지 않는다!

독서 ▸ 동기 부여 ▸ 공부 스타일로
공부하기 위한 기본적인 환경을 만들어야 한다.

1단계 독서

'빈익빈 부익부'라는 말은 지식에도 적용된다. 기본적인 정보가 부족하면 새로운 정보도 의미가 없지만, 기본적인 정보가 많으면 새로운 정보를 의미 있는 정보로 만들 수 있고, 기본적인 정보와 연결해 추가적인 정보(응용 · 창의)까지 쌓을 수 있다. 그렇기 때문에 먼저 기본적인 지식을 쌓지 않으면 아무리 열심히 공부해도 수학 과목에서 높은 점수를 받기 어렵다. 기본적인 지식을 많이 쌓는 방법으로는 독서와 다양한 경험이 있다. 그래서 입시에서 독서 이력과 창의적 체험활동(www.neis.go.kr)을 보는 것이다.

2단계 동기 부여

인간은 본인의 의지로 선택한 일에 책임감이 더 강해지므로 스스로 적성을 찾고 장래를 선택하는 것이 가장 좋다. 스스로 적성을 찾는 방법은 여러 종류의 책을 읽어서 자기가 좋아하는 관심 분야를 찾는 것이다. 자기가 원하는 분야에 관심을 갖고 기본 지식을 쌓다 보면, 쌓인 기본 지식이 학습과 연관되면서 공부에 흥미가 생겨 점차 꿈을 이루어 나갈 수 있다. 꿈과 미래가 없이 막연하게 공부만 하면 두뇌의 반응이 약해진다. 그래서 시험 때까지만 기억하면 그만이라고 생각하는 단순 정보는 시험이 끝나는 순간 잊어버린다. 반면 중요하다고 여긴 정보는 두뇌를 강하게 자극해 오래 기억된다. 살아가는 데 꿈을 통한 동기 부여는 학습법 자체보다 더 중요하다고 할 수 있다.

3단계 공부 스타일

공부하는 스타일은 학생마다 다르다. 예를 들면, '익숙한 것을 먼저 하고 익숙하지 않은 것을 나중에 하기', '쉬운 것을 먼저 하고 어려운 것을 나중에 하기', '좋아하는 것을 먼저 하고, 싫어하는 것을 나중에 하기' 등 다양한 방법으로 공부를 하다 보면 자신에게 맞는 공부 스타일을 찾을 수 있다. 자신만의 방법으로 공부를 하면 성취감을 느끼기 쉽고, 어떤 일이든지 자신 있게 해낼 수 있다.

어느 정도 기본적인 환경을 만들었다면
이해 - 기억 - 복습의 자기주도형 3단계 학습법으로
창의적 문제해결력을 키우자.

1단계 이해

단원의 전체 내용을 쭉 읽어본 뒤, 개념 확인 문제를 풀면서 중요 개념을 확인해 전체적인 흐름을 잡고 내용 간의 연계(마인드맵 활용)를 만들어 전체적인 내용을 이해한다.
개념을 오래 고민하고 깊이 이해하려고 하는 습관은 스스로에게 질문하는 것에서 시작된다.
[이게 무슨 뜻일까? / 이건 왜 이렇게 될까? / 이 둘은 뭐가 다르고, 뭐가 같을까? / 왜 그럴까?]
막히는 문제가 있으면 먼저 머릿속으로 생각하고, 끝까지 이해가 안 되면 답지를 보고 해결한다. 그래도 모르겠으면 여러 방면(관련 도서, 인터넷 검색 등)으로 이해될 때까지 찾아보고, 그럼에도 이해가 안 된다면 선생님께 여쭤 보라. 이런 과정을 통해서 스스로 문제를 해결하는 능력이 키워진다.

2단계 기억

암기해야 하는 부분은 의미 관계를 중심으로 분류해 전체 내용을 조직한 후 자신의 성격이나 환경에 맞는 방법, 즉 자신만의 공부 스타일로 공부한다. 이때 노력과 반복이 아닌 흥미와 관심으로 시작하는 것이 중요하다. 그러나 흥미와 관심만으로는 힘들 수 있기 때문에 단원과 관련된 수학 개념이 사회 현상이나 기술을 설명하기 위해 어떻게 활용되고 있는지를 알아보면서 자연스럽게 다가가는 것이 좋다.
그리고 개념 이해를 요구하는 단원은 기억 단계를 필요로 하지 않기 때문에 이해 단계에서 바로 복습 단계로 넘어가면 된다.

3단계 복습

수학에서의 복습은 여러 유형의 문제를 풀어 보는 것이다. 이렇게 할 때 교과서에 나온 개념과 원리를 제대로 이해할 수 있을 것이다. 기본 교재(내신 교재)의 문제와 심화 교재(창의사고력 교재)의 문제를 풀면서 문제해결력과 창의성을 키우는 연습을 한다면 수학에서 좋은 점수를 받을 수 있을 것이다.

마지막으로 과목에 대한 흥미를 바탕으로 정서적으로 안정적인 상태에서 낙관적인 태도로 자신감 있게 공부하는 것이 가장 중요하다.

안쌤 영재교육연구소 대표 **안 재 범**

안쌤이 생각하는 영재교육원 대비 전략

1. 학교 생활 관리: 담임교사 추천, 학교장 추천을 받기 위한 기본적인 관리

- 교내 각종 대회 대비 및 창의적 체험활동(www.neis.go.kr) 관리
- 독서 이력 관리: 교육부 독서교육종합지원시스템 운영

2. 흥미 유발과 사고력 향상: 학습에 대한 흥미와 관심을 유발

- 퍼즐 형태의 문제로 흥미와 관심 유발
- 문제를 해결하는 과정에서 집중력과 두뇌 회전력, 사고력 향상

▲ 안쌤의 사고력 수학 퍼즐 시리즈 (총 14종)

3. 교과 선행: 학생의 학습 속도에 맞춰 진행

- '교과 개념 교재 ➡ 심화 교재'의 순서로 진행
- 현행에 머물러 있는 것보다 학생의 학습 속도에 맞는 선행 추천

4. 수학, 과학 과목별 학습

- 수학, 과학의 개념을 이해할 수 있는 문제해결

▲ 안쌤의 STEAM + 창의사고력
수학 100제 시리즈
(초등 1, 2, 3, 4, 5, 6학년)

▲ 안쌤의 STEAM + 창의사고력
과학 100제 시리즈
(초등 1, 2, 3, 4, 5, 6학년)

5. 융합사고력 향상

• 융합사고력을 향상시킬 수 있는 문제해결로 구성

◀ 안쌤의 수 · 과학 융합 특강

6. 지원 가능한 영재교육원 모집 요강 확인

• 지원 가능한 영재교육원 모집 요강을 확인하고 지원 분야와 전형 일정 확인
• 지역마다 학년별 지원 분야가 다를 수 있음

7. 지필평가 대비

• 평가 유형에 맞는 교재 선택과 서술형 답안 작성 연습 필수

▲ 영재성검사 창의적 문제해결력 모의고사 시리즈
(초등 3~4, 5~6, 중등 1~2학년)

▲ SW 정보영재 영재성검사 창의적 문제해결력 모의고사 시리즈
(초등 3~4, 초등 5~중등 1학년)

8. 탐구보고서 대비

• 탐구보고서 제출 영재교육원 대비

◀ 안쌤의 신박한 과학 탐구보고서

9. 면접 기출문제로 연습 필수

• 면접 기출문제와 예상문제에 자신만의 답변을 글로 정리하고, 말로 표현하는 연습 필수

◀ 안쌤과 함께하는 영재교육원 면접 특강

안쌤 영재교육연구소 수학 · 과학 학습 진단 검사

수학 · 과학 학습 진단 검사란?

수학 · 과학 교과 학년이 완료되었을 때 개념이해력, 개념응용력, 창의력, 수학사고력, 과학탐구력, 융합사고력 부분의 학습이 잘 되었는지 진단하는 검사입니다.
영재교육원 대비를 생각하시는 학부모님과 학생들을 위해, 수학 · 과학 학습 진단 검사를 통해 영재교육원 대비 커리큘럼을 만들어 드립니다.

검사지 구성

과학 13문항	• 다답형 객관식 8문항 • 창의력 2문항 • 탐구력 2문항 • 융합사고력 1문항
수학 20문항	• 수와 연산 4문항 • 도형 4문항 • 측정 4문항 • 확률/통계 4문항 • 규칙/문제해결 4문항

수학 · 과학 학습 진단 검사 진행 프로세스

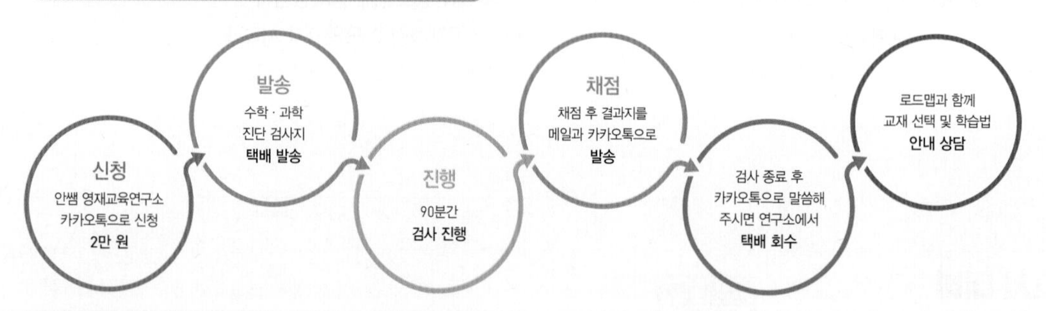

수학 · 과학 학습 진단 학년 선택 방법

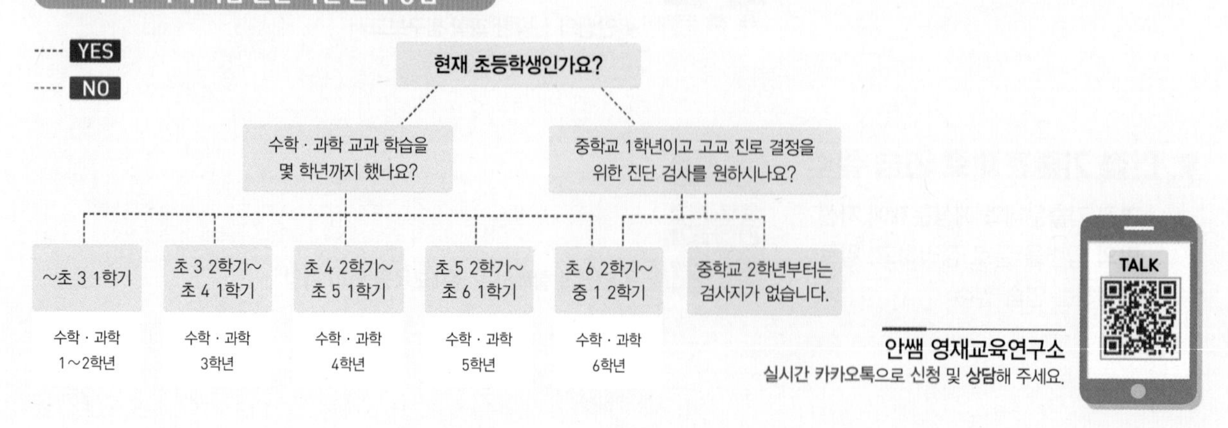

안쌤 영재교육연구소
실시간 카카오톡으로 신청 및 상담해 주세요.

이 책의 구성과 특징

창의사고력 실력다지기 100제

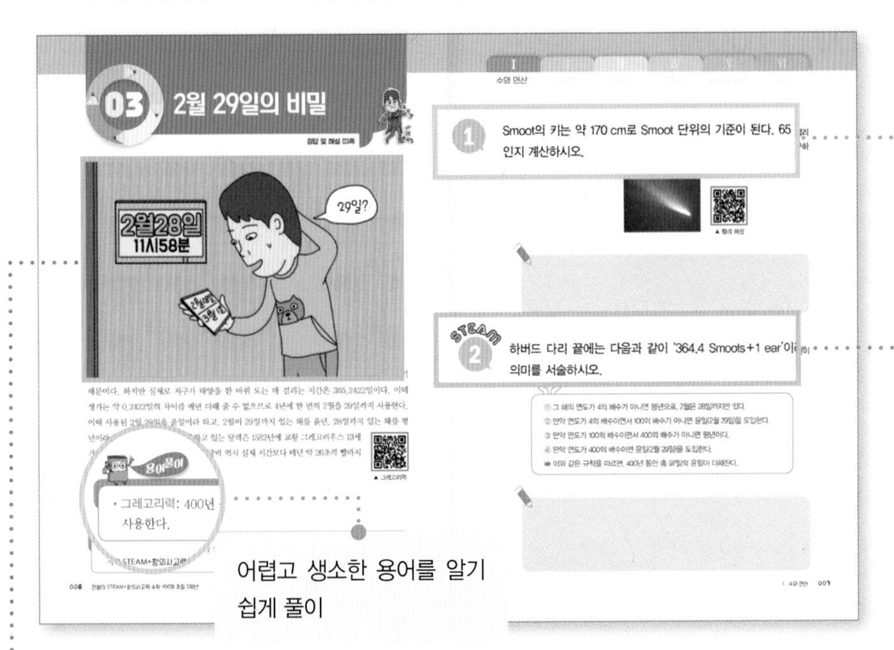

교과사고력 문제로 기본적인 교과 내용을 학습하는 단계

융합사고력 문제로 다양한 아이디어와 원리 탐구를 통해 창의사고력 향상

어렵고 생소한 용어를 알기 쉽게 풀이

실생활에 쉽게 접할 수 있는 상황을 이용해 흥미 유발

영재성검사 창의적 문제해결력 기출문제

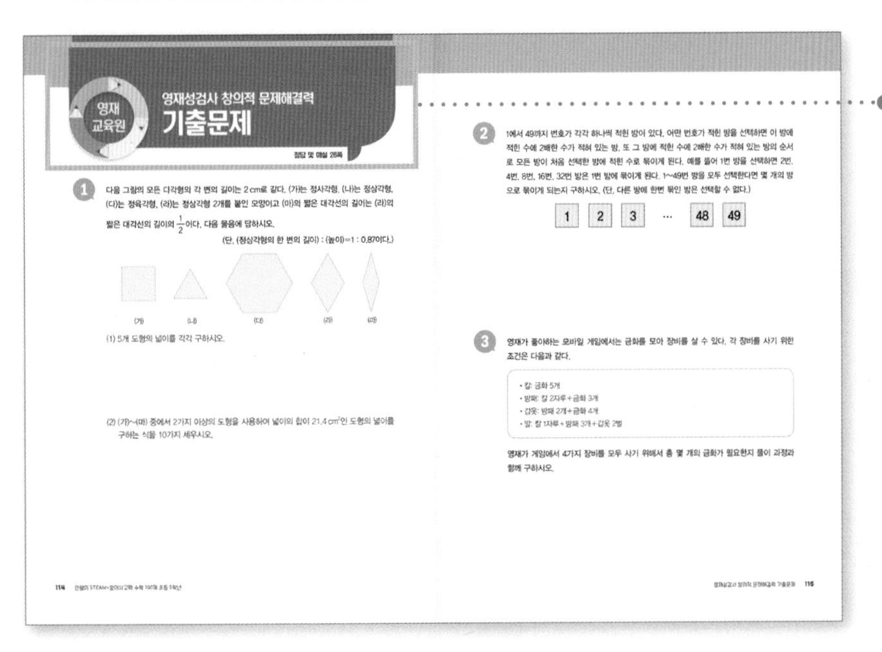

- 교육청 · 대학 · 과학고 부설 영재교육원 영재성검사, 창의적 문제해결력 평가 최신 기출문제 수록
- 영재교육원 선발 시험의 문제 유형과 출제 경향 예측

이 책의 차례

창의사고력 실력다지기 100제

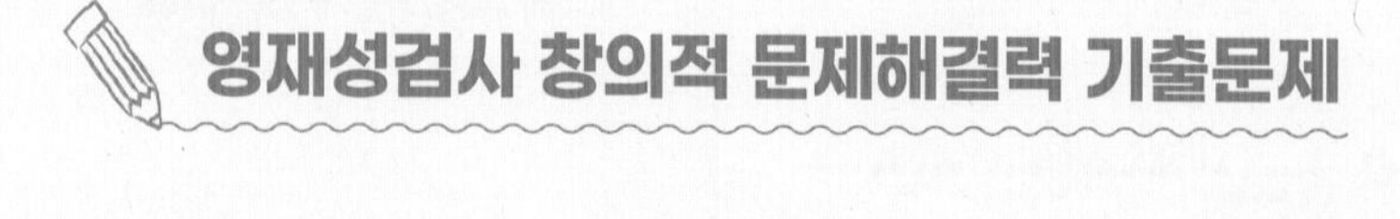

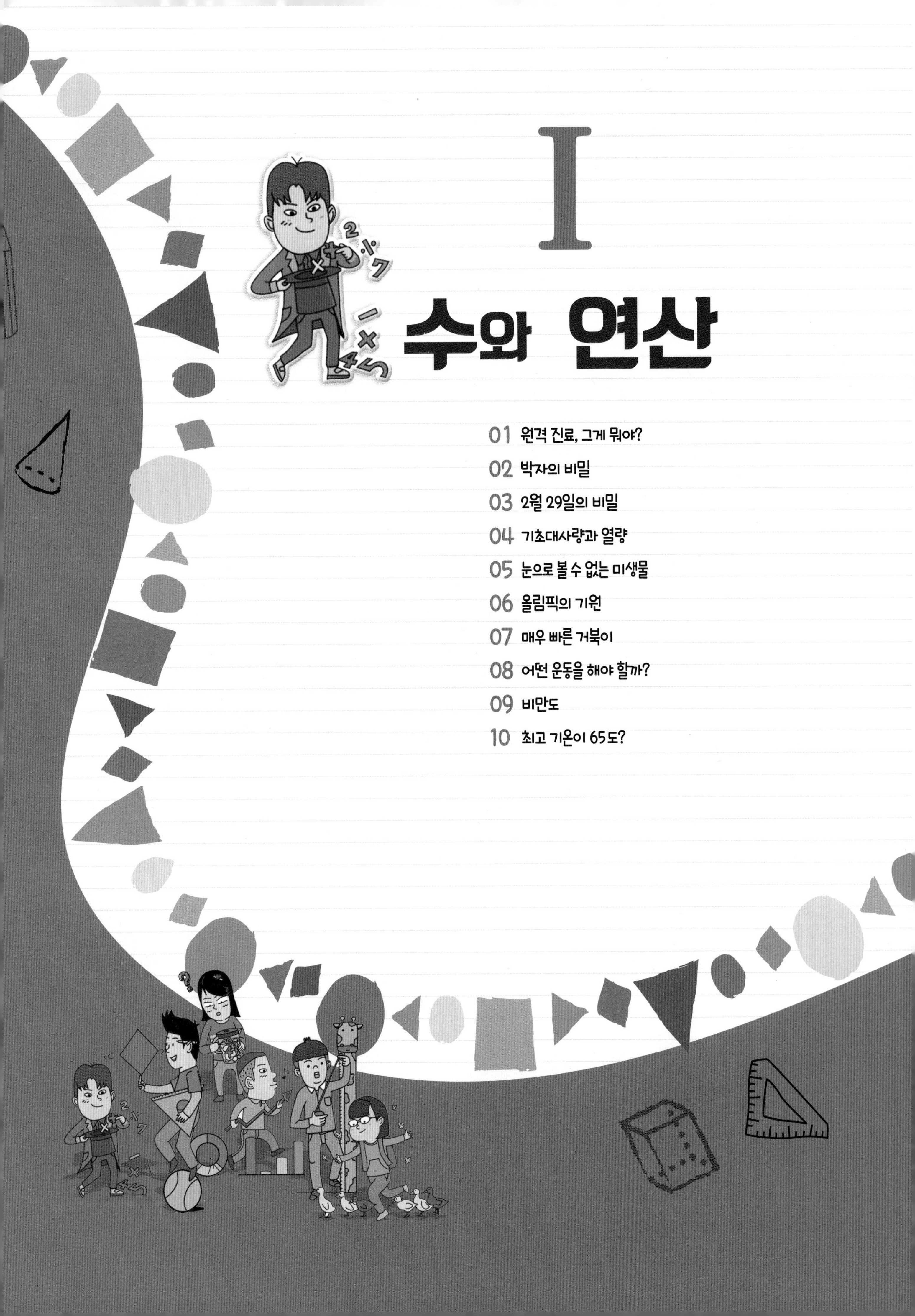

I

수와 연산

원격 진료, 그게 뭐야?

정답 및 해설 02쪽

원격 진료는 화상 시스템 등 정보 기술(IT) 기기를 이용해 의사가 환자와 멀리 떨어져 있는 상태에서 환자의 질병을 관리-진단하고 처방을 내리는 진료이다. 원격 진료는 환자가 시간과 장소에 크게 구애받지 않고 의료 서비스를 받을 수 있다는 장점이 있다. 하지만 환자의 상태를 의사가 직접 확인할 수 없고, 환자가 쉽게 처방전을 받아 약을 살 수 있다는 단점도 있다. 또, 원격 진료가 허용되면 모든 환자가 큰 병원의 유명한 의사에게 진료받기를 원해 동네 의원과 동네 약국이 사라질 수 있기 때문에 국민의 의료 접근성을 높이기 위한 것이라는 취지와는 반대로 오히려 의료 접근성이 떨어질 것이라는 우려도 제기된다.

▲ 원격 진료

- 의료 접근성: 사람들이 병원이나 약국과 같은 의료 기관을 찾거나 이용할 수 있는 정도나 가능성

1 사람 수는 소수나 분수로 셀 수 없다. 하루 평균 7.25명의 환자가 병원을 방문한다고 할 때, 분수와 소수를 사용하지 않고 병원을 방문한 환자 수를 나타내는 방법을 서술하시오.

2 354명의 주민이 사는 누리 섬은 육지와 멀리 떨어진 섬으로 가까운 육지에 가기 위해서는 배를 타고 2시간을 가야 한다. 육지에 있는 병원과 원격 진료가 시작될 경우 누리 섬 안에 있는 누리 병원을 방문하는 환자 수는 어떻게 변할지 서술하시오.

박자의 비밀

정답 및 해설 02쪽

‘고향의 봄’은 $\frac{4}{4}$박자의 곡으로 한 박을 4분음표로 하여 한 마디에 4박자(4분음표 4개)로 이루어진 곡이다. 악보는 노래를 다양한 모양의 음표로 표현한 것이다. 오선지 위에 음표를 적은 위치에 따라 음의 높이가 결정되고, 음표의 종류에 따라 박자가 결정된다. 음표에는 4박자인 온음표(𝅝), 2박자인 2분음표(𝅗𝅥), 1박자인 4분음표(♩), 반 박자인 8분음표(♪), 반의 반 박자인 16분음표(𝅘𝅥𝅯) 등이 있다.

▲ 고향의 봄

용어풀이

• **고향의 봄**: 이원수 작사, 홍난파 작곡의 우리나라의 대표 가곡으로 1927년에 발표되었다.

온음표를 1로 가정하고, <보기>의 음표로 나타낸 식을 분수를 이용한 식으로 바꾸고 계산하시오.

보기

(𝅘𝅥𝅮+𝅘𝅥𝅯)÷(𝅗𝅥−𝅘𝅥𝅯)

박자의 표현과 같이 우리 생활에서 분수가 사용되는 예를 3가지 서술하시오.

2월 29일의 비밀

정답 및 해설 03쪽

1년이 365일인 이유는 지구가 태양 주위를 한 바퀴 도는 데 걸리는 시간을 기준으로 1년을 정했기 때문이다. 하지만 실제로 지구가 태양을 한 바퀴 도는 데 걸리는 시간은 365.2422일이다. 이때 생기는 약 0.2422일의 차이를 매년 더해 줄 수 없으므로 4년에 한 번씩 2월을 29일까지 사용한다. 이때 사용된 2월 29일을 윤일이라 하고, 2월이 29일까지 있는 해를 윤년, 28일까지 있는 해를 평년이라 부른다. 현재 우리가 사용하고 있는 달력은 1582년에 교황 그레고리우스 13세가 만든 **그레고리력**이다. 하지만 이 달력 역시 실제 시간보다 매년 약 26초씩 빨라지고 있다.

▲ 그레고리력

• **그레고리력**: 400년 동안 윤년을 97회 두어 만든 태양력으로, 오늘날 거의 모든 나라에서 사용한다.

1 일정한 주기로 돌고 있는 핼리 혜성은 76년마다 지구에서 볼 수 있다. 윤년인 어느 해에 핼리 혜성을 볼 수 있었다면 지구에서 핼리 혜성을 볼 수 있는 다음번 윤년은 몇 년 후인지 구하시오.

▲ 핼리 혜성

2 다음은 그레고리력에 대한 조건이다. 다음 중에서 ③과 ④를 빼고 달력을 만들면 어떤 일이 벌어질지 수학적 근거를 들어 서술하시오.

조건

① 그 해의 연도가 4의 배수가 아니면 평년으로, 2월은 28일까지만 있다.
② 만약 연도가 4의 배수이면서 100의 배수가 아니면 윤일(2월 29일)을 도입한다.
③ 만약 연도가 100의 배수이면서 400의 배수가 아니면 평년이다.
④ 만약 연도가 400의 배수이면 윤일(2월 29일)을 도입한다.
➡ 이와 같은 규칙을 따르면, 400년 동안 총 97일의 윤일이 더해진다.

04 기초대사량과 열량

정답 및 해설 03쪽

최근 초등학생들의 비만 정도가 심각해지고 있다. 자신의 **기초대사량**보다 더 많은 **열량**을 섭취했기 때문이다. 초등학생의 기초대사량은 보통 1200 kcal(킬로칼로리)이다. 기초대사량이 높지 않은 초등학생이 햄버거나 치킨과 같이 열량이 높은 음식을 즐겨 먹기 때문에 비만이 늘어난다. 또 다른 이유는 운동 부족이다. 많은 학생이 하교 후 학원에 가므로 운동할 시간이 부족하고, 운동할 시간이 생기더라도 마음껏 뛸 수 있는 운동장이나 놀이터와 같은 안전한 장소가 부족하다. 여러 가지 이유로 많은 학생이 운동 대신 컴퓨터나 스마트폰으로 시간을 보내며 점점 비만이 되고 있다.

- **기초대사량**: 생명을 유지하는 데 필요한 최소한의 에너지양
- **열량**: 열에너지의 양. 단위로는 cal(칼로리), kcal(킬로칼로리) 등을 사용한다.

다음 <보기>의 기초대사량 계산법을 이용해 자신의 기초대사량을 계산하시오.

보기

- 여성: 655.1+{9.56×체중(kg)}+{1.85×키(cm)}−(4.68×나이)
- 남성: 66.47+{13.75×체중(kg)}+{5×키(cm)}−(6.76×나이)

사람이 살아가기 위해서는 기초대사량보다 더 많은 열량을 섭취해야 한다. 그 이유를 서술하시오.

05 눈으로 볼 수 없는 미생물

정답 및 해설 04쪽

미생물(micro-organism)은 눈에 보이지 않는 작은 크기의 생물로, 세균, 효모, 곰팡이 등을 말한다. 미생물 중에는 세균처럼 우리 몸에 나쁜 영향을 주는 것도 있고, 요구르트의 유산균처럼 우리에게 이로운 영향을 주는 것도 있다. 미생물은 옛날부터 사용되었다. 고대에는 효모를 이용한 발효 기술로 포도주, 치즈, 요구르트 등의 발효 식품을 제조했지만, 미생물의 존재는 알지 못했다. 17세기에 현미경이 발달하면서 미생물의 존재가 알려졌다. 1800년대에 파스퇴르와 코흐에 의해 미생물이 질병의 원인이 될 수 있다는 것이 밝혀졌다. 미생물의 발견으로 인해 병원체가 발견되었고, 병원체의 특징을 밝혀 항생제, 치료제, 각종 백신이 개발되어 질병을 치료하거나 미리 예방할 수 있게 되었다.

용어풀이

- 유산균: 젖산균이라고도 하며, 창자 속에 산다. 해로운 세균을 물리치고 음식물의 소화를 도와주며, 변비를 예방한다.

1 어떤 미생물은 2분마다 그 수가 2배로 증가한다. 미생물 1마리가 2048마리가 되는 데 걸리는 시간을 구하시오.

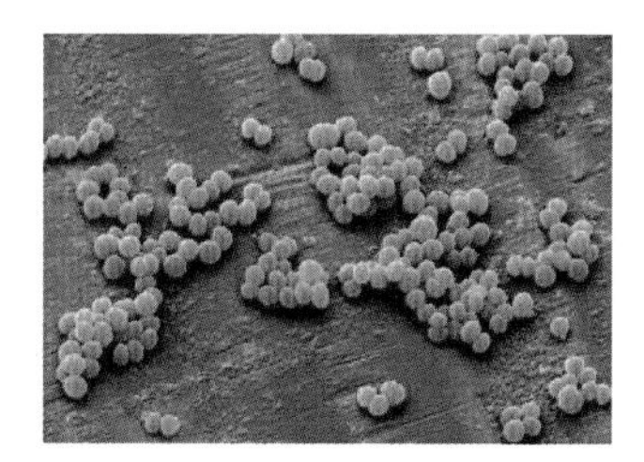

2 미생물은 너무 작아서 우리 눈에 보이지 않는다. 보이지 않는 미생물이 있다는 것을 알 수 있는 방법을 서술하시오.

06 올림픽의 기원

정답 및 해설 04쪽

올림픽은 고대 그리스인들이 제우스 신에게 바치는 **제전경기**의 하나로 시작되었고, 이후 여러 도시 국가로 이루어진 그리스의 전쟁을 막고, 단합하기 위한 축제로 거듭났다. 올림픽은 4년에 한 번씩 열렸는데, 올림피아 언덕의 웅장한 경기장에서 달리기, 레슬링, 원반던지기 등의 경기를 했다. 우승자는 월계관과 상금, 평생 연금을 받았다. 근대 올림픽은 프랑스 쿠베르탱의 제안으로 1896년 그리스 아테네에서 개최됨으로써 부활했다. 제1회 대회는 13개국의 311명이 참석한 작은 규모였지만, 지금은 전 세계 거의 모든 국가가 참여할 정도의 큰 규모가 되었다. 우리나라는 1988년에 제24회 하계 올림픽을 서울에서 개최했고, 2018년에 제23회 동계 올림픽을 평창에서 개최했다.

• **제전경기**: 고대 그리스에서 종교 의식의 하나로 시행된 경기

2018년 우리나라 평창에서 제23회 동계 올림픽이 열렸다. 3282년에는 동계 올림픽이 열릴지 알 수 있는 방법을 서술하시오.

올림픽이 4년마다 한 번씩 열리는 이유를 서술하시오.

매우 빠른 거북이

정답 및 해설 05쪽

흔히 거북이는 느림보라 생각하지만, **바다거북**은 물속에서 매우 빠른 동물이다. 바다거북은 먼 거리를 헤엄치는 데 익숙할 뿐만 아니라 순간적으로 빠른 속도를 낼 수 있는 순발력도 가지고 있다. 짧은 거리에서는 시속 32.4 km 이상의 속도를 내고, 헤엄치는 평균 속도는 시속 20.7 km가 넘는다. 우리나라를 대표하는 수영선수 박태환의 400 m 남자 자유형 기록을 시속으로 바꿔 보면 시속 6.5 km 정도이다. 이것과 비교해 보면 물속에서 바다거북이 얼마나 빠르게 움직이는지를 가늠해 볼 수 있다.

용어풀이

- **바다거북**: 주로 해조류를 뜯어 먹으며 바다에 사는 거북의 한 종류

거북이가 헤엄치는 속도는 시속 32.4 km이고, 박태환 선수가 헤엄치는 속도는 시속 6.5 km이다. 거북이가 헤엄치는 속도는 박태환 선수가 헤엄치는 속도의 몇 배인지 소수 첫째 자리까지 구하시오.

이솝우화 '토끼와 거북이'에서 토끼는 약삭빠르지만 게으르고, 거북이는 느리지만 우직한 동물로 묘사된다. 이솝우화 속 토끼와 거북이 중에서 어떤 동물이 오늘날을 살아가는 데 적당한지 이유와 함께 서술하시오.

08 어떤 운동을 해야 할까?

정답 및 해설 05쪽

건강을 지키고 비만을 예방하기 위해서는 꾸준한 운동이 필수다. 우리가 쉽게 할 수 있는 운동 중에서 가장 효과가 뛰어난 운동은 무엇일까? 최근 한 연구에서 **소모**된 열량을 기준으로 볼 때, 달리기가 열량을 소모하기에 가장 효과적인 운동이라는 연구 결과를 발표했다. 체중이 60 kg인 사람이 1시간 동안 달리기를 할 경우 약 952 kcal가 소모된다. 같은 사람이 비슷한 속도로 1시간 동안 자전거를 탈 경우 약 690 kcal가 소모되고, 1시간 동안 일정한 속도로 걸을 경우 약 150 kcal가 소모된다. 이때, 소모 열량은 몸무게에 따라 다르다. 몸무게가 20 kg인 어린이가 1시간 동안 일정한 속도로 걸을 경우 약 65 kcal가 소모된다고 한다.

- 소모: 써서 없앰

1 새빈이는 운동을 위해 일주일 동안 14.21 km를 걸었다. 하루에 걸은 거리는 얼마나 되는지 어림해 보고, 직접 계산하여 어림한 값과 계산 결과를 비교하시오.

2 운동을 하면 땀이 나고 호흡이 가빠지며 심장 박동수가 증가한다. 운동을 할 때 이러한 변화가 나타나는 이유를 서술하시오.

09 비만도

정답 및 해설 06쪽

음식이 부족했던 몇십 년 전만 해도 '뚱뚱하다'는 말은 경제적으로 풍요로운 사람을 상징하는 긍정적인 단어였다. 하지만 오늘날 비만으로 인한 질병과 사망이 급증하면서 '뚱뚱', '비만'이라는 단어는 게으르고 자신을 관리하는 데 소홀하다는 부정적인 의미가 되었다. 비만이란 **체지방**이 기준치보다 많은 상태를 말하며, 비만의 정도는 비만도로 나타낸다. 비만도는 자신의 키와 몸무게를 이용해 계산할 수 있고, 그 수치에 따라 '저체중', '정상', '과체중', '비만', '고도 비만'으로 나눌 수 있다.

- **체지방**: 분해되지 않고 몸속에 쌓여 있는 지방

다음은 비만도를 구하는 방법이다. 이 방법을 이용하여 자신의 비만도를 계산하고 판정하시오.

자신의 신장에서 100을 뺀 다음 0.9를 곱하면 표준 체중을 구할 수 있다. 실제 체중을 표준 체중으로 나눈 다음 100을 곱하면 비만도를 구할 수 있다. 비만도를 판정하는 기준은 다음과 같다.

90 % 미만	90 % 이상 110 % 미만	110 % 이상 120 % 미만	120 % 이상 130 % 미만	130 % 이상
저체중	정상	과체중	비만	고도비만

위 방법 외에 다른 방법으로도 비만도를 구할 수 있다. 비만도를 구할 때 고려해야 할 것을 5가지 서술하시오.

10 최고 기온이 65도?

정답 및 해설 06쪽

지섭이가 미국의 일기 예보를 보다가 이상한 점을 발견했다. 목요일 낮 최고 기온이 65도인 것이다. 정말 65도일까? 미국은 우리와 사용하는 **온도**의 단위가 다르다. 우리나라는 섭씨온도(℃)를 공식 단위로 사용하지만, 미국을 비롯한 몇몇 영어권 국가에서는 화씨온도(℉)를 사용한다. 섭씨온도는 물이 어는 온도를 0 ℃, 물이 끓는 온도를 100 ℃로 정하고 그 사이를 100등분한 온도이다. 화씨온도는 물이 어는 온도를 32 ℉, 물이 끓는 온도를 212 ℉로 정하고 그 사이를 180등분한 온도이다. 우리나라와 미국에서 사용하는 온도의 단위가 다르기 때문에 65로 숫자는 같지만 다른 온도를 뜻한다.

- **온도**: 따뜻함과 차가움의 정도. 또는 그것을 나타내는 수치

1 다음 <보기>는 화씨온도를 섭씨온도로 바꾸는 방법이다. 화씨 65 ℉는 섭씨 몇 ℃인지 구하시오.

보기

섭씨온도(℃) $=$ {화씨온도(℉) $-32\} \times \frac{5}{9}$

2 습도가 높고 무더운 여름에는 불쾌지수가 높아 사람이 불쾌함을 느끼는 경우가 생기기도 한다. 온도나 습도를 조절하지 않고 불쾌지수를 낮출 수 있는 방법을 3가지 서술하시오.

STEAM
창의사고력
수학 100제 초등

Ⅱ

도형

11 테셀레이션의 아버지

정답 및 해설 07쪽

네덜란드의 판화가인 에셔는 테셀레이션 미술가로 유명하다. 그는 평면을 규칙적으로 분할하는 현대적 테셀레이션의 아버지로 인정받고 있다. 에셔는 1937년에 폴리아라는 수학자가 스케치한 17개의 벽지 디자인을 보고 패턴 유형에 관심을 가졌으며, 패턴에 깔린 규칙을 알고 싶어 했다. 그는 폴리아와 하그의 논문을 바탕으로 많은 실험을 거듭해 규칙적인 평면 분할, 즉 테셀레이션을 개발하여 테셀레이션의 아버지로 인정받게 되었다. 그 후 에셔는 죽을 때까지 평면의 규칙적인 분할에 관한 법칙에 몰두하게 되고, 이후 반복되는 기하학적 패턴을 이용하여 대칭의 미를 느낄 수 있는 테셀레이션 작품을 많이 남겼다.

- 테셀레이션: 똑같은 모양의 도형을 서로 겹치거나 틈이 생기지 않게 늘어놓아 평면이나 공간을 덮는 것

테셀레이션은 밀기, 뒤집기, 돌리기 등의 도형의 이동을 이용하여 만든 작품이다. 다음 작품에서 사용된 도형의 이동을 쓰시오.

정오각형의 한 내각의 크기는 몇 도인지 쓰시오. 또, 정오각형만을 가지고 테셀레이션 작품을 만들 수 있을지 없을지를 이유와 함께 서술하시오.

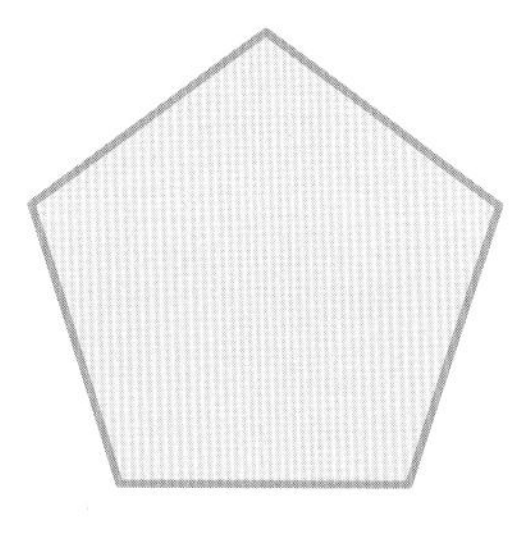

12 대칭의 마술

정답 및 해설 07쪽

데칼코마니라 하는 미술 기법을 이용해 작품을 만들어 본 경험이 있을 것이다. 데칼코마니에는 수학적 원리도 숨어 있다. 바로 도형의 대칭이다. 도형의 대칭이란 점이나 직선, 평면의 양쪽에 있는 두 도형이 서로 크기와 모양이 같은 것이다. 두 도형 사이의 대칭 기준이 선이면 선대칭, 점이면 점대칭이다. 대칭축을 기준으로 접어 완전히 겹쳐지는 것은 선대칭도형(선대칭의 위치에 있는 도형), 대칭점(대칭의 중심)을 기준으로 180° 회전하여 완전히 겹쳐지는 도형은 점대칭도형(점대칭의 위치에 있는 도형)이다.

- 데칼코마니: 종이 위에 물감을 두껍게 칠하고 종이를 반으로 접거나 다른 종이를 덮어 찍어서 대칭적인 무늬를 만드는 회화 기법

1 종이를 반으로 접어 찍은 데칼코마니 모양이 서로 대칭이라 할 수 있는지 서술하시오.

2 우리 주변에서 찾을 수 있는 선대칭도형과 점대칭도형을 각각 2가지씩 찾아 쓰시오.

13 QR코드가 뭐지?

정답 및 해설 08쪽

시원한 콜라를 마시려고 편의점에서 캔 콜라를 산 우영이는 캔의 겉면에 인쇄된 독특한 모양의 사각형을 보았다. 궁금증이 생긴 우영이가 인터넷을 통해 찾아본 결과 독특한 모양의 사각형은 QR코드라 하는 이차원 바코드라는 사실을 알게 되었다. QR코드는 큰 정사각형 안에 서로 다른 크기의 여러 개의 작은 정사각형이 모여 있다. 우리 주변에 정사각형이 사용된 것에는 무엇이 있을까?

용어풀이

- QR코드(Quick Response Code): 바코드보다 훨씬 많은 정보를 담을 수 있는 이차원 코드
- 이차원: 상하, 좌우 두 방향으로 이루어진 평면

QR코드에 사용된 사각형은 눈으로 보기에 정사각형처럼 보인다. 아래 사각형이 정사각형인지 아닌지 알 수 있는 방법을 서술하시오.

우리 주변에서 정사각형이 사용된 것을 3가지 이상 찾고, 각각 정사각형을 사용한 이유를 서술하시오.

온도를 유지하는 보온병

정답 및 해설 08쪽

보온병은 안에 넣은 물이나 차 등의 액체 음료의 온도가 일정하게 유지되도록 만든 용기이다. 유리로 된 이중벽은 진공 상태로 만들어 **전도**에 의한 열의 이동을 막고, 이중벽의 안쪽과 바깥쪽은 은으로 도금하여 **복사**에 의한 열의 이동을 막는다. 외부의 온도가 높을 때는 외부의 열과 빛을 반사하여 열과 빛이 보온병 내부로 이동하는 것을 막고, 외부의 온도가 낮을 때에는 뜨거운 물이나 차에서 나오는 복사 에너지를 반사하여 내부로 되돌려 보내 외부로 열이 이동하는 것을 막는다.

- **전도**: 온도가 높은 부분에서 온도가 낮은 부분으로 고체를 따라 열이 이동하는 현상
- **복사**: 물질을 통하지 않고 열을 직접 전달하는 방법

보온병을 만들 때 고려해야 할 점을 5가지 쓰시오.

우리가 흔히 볼 수 있는 보온병의 모양은 대부분 원기둥이다. 보온병의 모양이 원기둥인 이유를 서술하시오.

15 스마트폰을 골라 보자

정답 및 해설 09쪽

스마트폰(Smart Phone)은 우리말로 직역하면 '똑똑한 휴대폰'이다. 스마트폰은 컴퓨터로 할 수 있는 작업 중 일부를 휴대폰에서도 할 수 있도록 개발된 휴대 기기이다. 항상 들고 다니면서 인터넷을 검색하거나 메일을 보내거나 받고, 동영상이나 사진을 촬영하고 편집할 수 있다. 또한, 자신이 원하는 프로그램(애플리케이션, 앱, 어플)을 골라 설치하여 사용할 수도 있다. 최근 스마트폰 사용 인구가 늘어 우리나라의 **스마트폰 보급률**은 95 %로 세계 1위를 차지했다.

▲ 스마트폰

용어풀이

- **스마트폰 보급률**: 휴대 전화를 사용하는 사람 중 스마트폰을 사용하는 사람의 비율

1 스마트폰을 고를 때 고려해야 할 점을 5가지 쓰시오.

2 새로운 스마트폰을 사려고 한다. 어떤 모양의 스마트폰을 고를 것인지 정하고, 그 이유를 서술하시오.

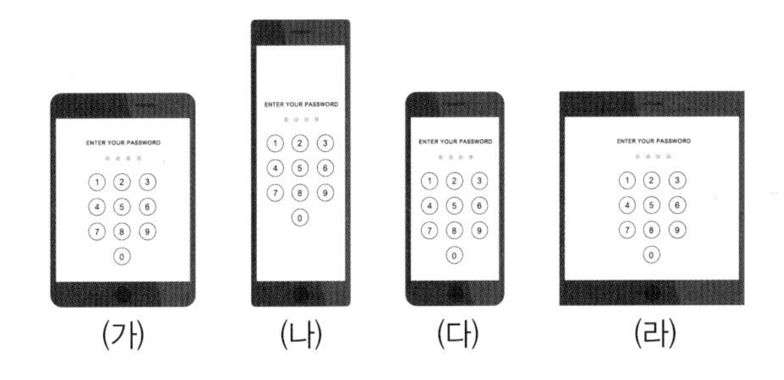

(가) (나) (다) (라)

16 쿠푸 왕의 피라미드

정답 및 해설 09쪽

쿠푸 왕의 피라미드는 이집트 전 지역에 현존하는 70여 개의 피라미드 가운데 가장 규모가 커서 '대(大) 피라미드'라 불린다. 쿠푸 왕의 피라미드는 엄청난 규모로 인해 세계 최대의 건축물이자 세계 7대 불가사의 가운데 하나이다. 이 피라미드는 이집트의 수도 카이로에서 남서쪽으로 약 13 km 떨어진 기자의 사막 고원에 자리 잡고 있으며 147 m의 높이로 지어진 것으로 추정되지만, 꼭대기 부분이 10 m가량 파손되어 현재는 137 m이다. 10만 명의 인원이 약 10~20년에 걸쳐 건축한 것으로 추정되며, 건축 방법에 대한 의문점은 아직도 미스터리로 남아 있다. 피라미드의 내부는 복잡한 구조이며, 오늘날 내부를 관람하기 위하여 들어가는 입구로 사용되는 곳은 보물을 찾기 위해 뚫은 통로이다.

▲ 쿠푸 왕

• 쿠푸 왕: 기원전 약 2600년경 이집트의 왕

1 다음은 쿠푸 왕 피라미드의 규모를 조사한 내용이다. 조사 내용을 바탕으로 쿠푸 왕 피라미드의 대략적인 무게를 구하시오.

조사

[쿠푸 왕 피라미드의 규모]

- 사용된 돌의 수: 약 230만 개
- 돌 1개당 무게: 평균 2.5 t
- 피라미드의 높이: 147 m
- 밑면의 가로와 세로의 길이: 230 m

2 1에서 계산한 쿠푸 왕 피라미드의 무게와 실제 피라미드의 무게 사이에는 오차가 생길 수 있다. 그 이유를 서술하시오.

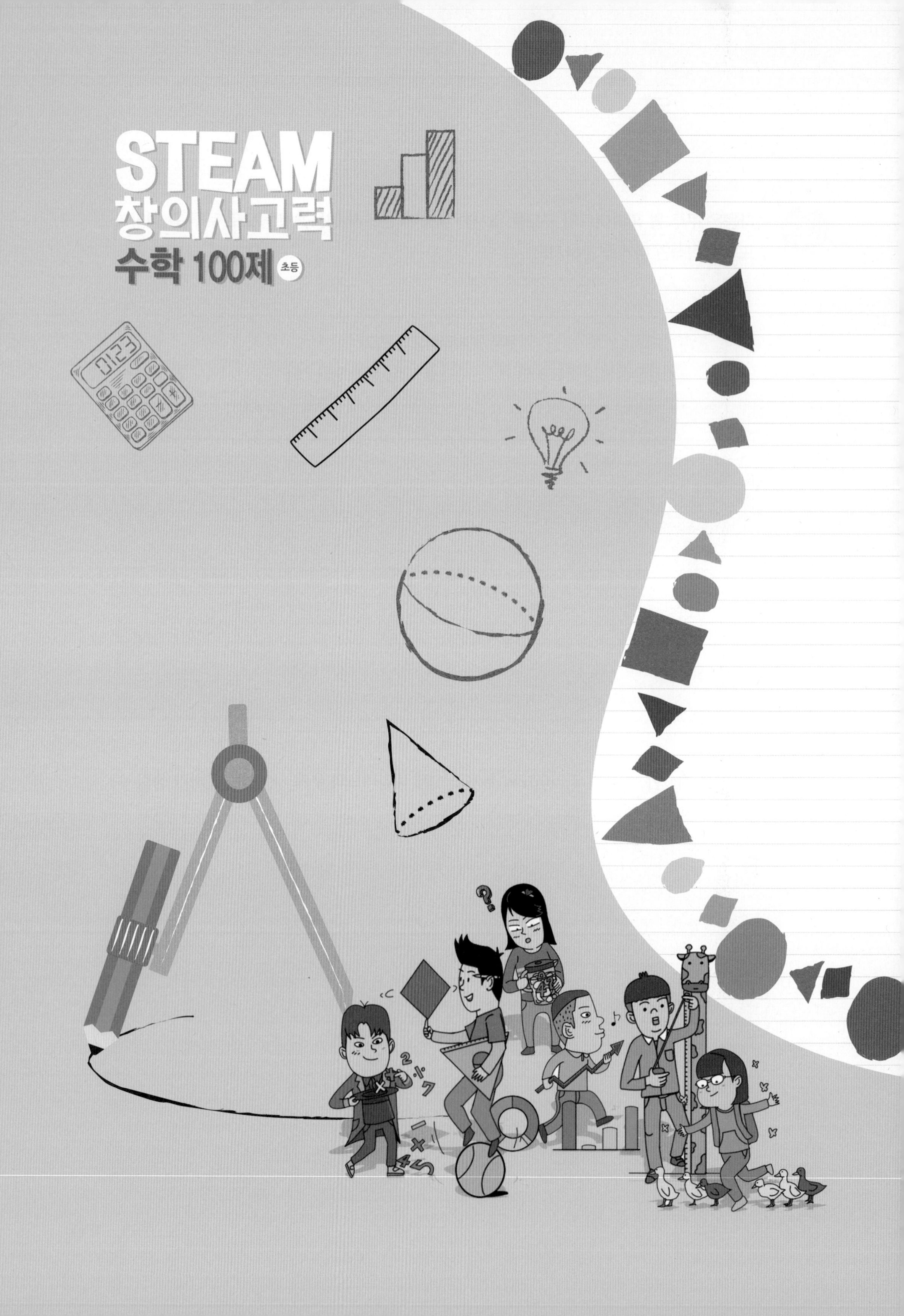
STEAM
창의사고력
수학 100제 초등

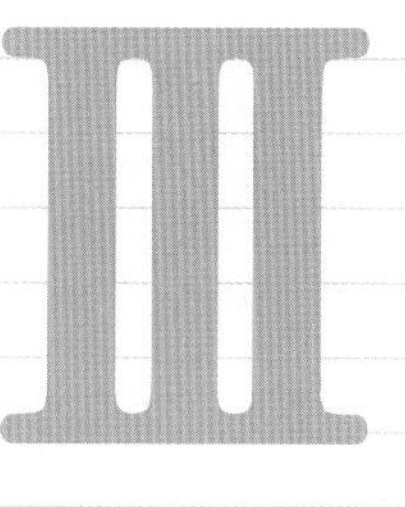

Ⅲ 측정

화폐의 단위

정답 및 해설 10쪽

가족들과 미국여행을 가기로 한 경욱이는 아버지와 함께 은행에서 환전을 했다. 환전을 처음 해 보는 경욱이는 아버지께 환전이 무엇인지 여쭈어보았다. 환전은 우리나라 돈을 다른 나라 돈으로 바꾸는 것이며, 우리나라 돈과 다른 나라의 돈은 가치가 매일 달라지기 때문에 언제 환전을 하는지도 매우 중요하다고 말씀하셨다. 이야기를 들은 경욱이는 모든 나라가 같은 돈을 사용하면 번거롭게 환전을 하지 않아도 되니 더 편리할 것 같다는 생각이 들었다.
모든 나라가 같은 돈을 사용하면 어떤 일이 일어날까?

- 환전: 서로 종류가 다른 화폐와 화폐를 교환함

1 미국 달러(USD) 1달러는 우리나라 돈(KRW) 1300원과 같은 가치를 갖는다. 우리나라 돈 156000원을 미국 달러로 환전하면 얼마인지 구하시오. (단, 환전에 필요한 수수료는 고려하지 않는다.)

2 모든 나라가 같은 돈을 사용하지 않고 나라마다 다른 돈의 단위를 사용하는 이유를 서술하시오.

18 사고의 원인은?

정답 및 해설 10쪽

미국과 캐나다 국경지대에서는 유난히 교통사고가 자주 일어난다. 속도를 마일(mile)로 계산하는 미국의 운전자가 킬로미터(km)로 표시된 캐나다의 속도 제한 표지판을 착각해 과속하기 때문이다. 1999년 미국의 화성 탐사선이 궤도에 진입하다 폭발한 사건이 있었다. 이 사건은 어처구니없게도 야드(yard)로 설계된 기계를 미국 항공우주국(NASA)이 미터(m)로 착각해 발생했다. 2001년 6월 중국 공항에서 국내 항공사 화물기가 추락한 원인도 이와 비슷하다. 중국의 고도 단위는 미터(m)인데 조종사가 피트(feet)로 생각하고 서둘러 하강을 시도해 큰 사고가 났다. 이러한 사고들의 원인은 바로 '단위'이다. 올바른 단위를 사용하는 것은 정확한 정보를 전달하는 것이며 사고를 예방하는 방법이기도 하다.

▲ 단위 통일

- 단위: 길이, 무게, 시간 따위의 수량을 수치로 나타낼 때 기초가 되는 일정한 기준

피트(feet)는 발의 크기를 기준으로 정한 길이 단위로, 1피트는 약 30.48 cm이다. 125피트는 몇 m인지 구하시오.

피트뿐만 아니라 신체에서 유래한 길이의 단위가 많다. 길이의 단위를 정할 때 신체를 이용하는 이유를 서술하시오.

1 kg의 정의

정답 및 해설 11쪽

1 kg은 백금 90 %와 이리듐 10 %를 섞어 만든 지름과 높이가 각각 39 mm인 원기둥으로 무게를 정의하며, 이 원기둥을 원기라 부른다. 1889년 백금과 이리듐으로 이루어진 원기둥이 국제 원기로 지정되었고, 국제도량형국의 금고 안에 보관되고 있다. 세계 각국은 '쌍둥이' 원기를 만들어 질량 표준으로 삼고 있다. 하지만 원기는 사람이 만든 물체이다 보니 사용함에 따라서 kg의 값이 바뀔 수 있고, 시간이 지나면서 질량이 조금씩 달라졌다. 학자들에 따르면 약 100년간 원기의 질량이 50 μg(마이크로그램) 줄었다. 이런 이유 때문에 2019년 5월부터는 원기를 사용하는 대신 키블 저울이라는 저울을 사용하기로 했다. 키블 저울은 저울의 한쪽에 물체를 놓고 다른 한쪽에는 코일을 감은 전류를 흘려 물리적 에너지와 전기 에너지를 비교해 질량을 잰 후 kg의 기준을 정한다. 이렇게 할 경우 물체의 정확한 질량을 10억 분의 1 수준까지 정밀하게 측정할 수 있다.

▲ 단위 통일

용어풀이

• μg(마이크로그램): 작은 질량의 단위로, 1 μg은 $\frac{1}{100만}$ g이다.

트럭에는 짐을 최대 3 t까지 실을 수 있다. 이 트럭에 무게가 50 kg인 상자를 최대 몇 개까지 실을 수 있는지 구하시오.

세계 여러 나라의 1 kg의 기준이 모두 다르다면 어떤 일이 일어날지 서술하시오.

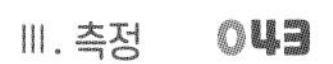

20 우리 조상들의 단위

정답 및 해설 11쪽

우리말에는 수량을 나타내는 단위가 많다. 어시장에서는 손, 두름, 축, 쾌 같은 여러 가지 단위를 사용한다. 손은 한 손에 잡히는 양인 2마리이고, 두름은 조기, 청어 등을 10마리씩 2줄로 엮은 것이다. 축은 20마리를 의미하는 단위로 마른오징어를 살 때 많이 들을 수 있다. 북어는 쾌라는 단위를 사용하는데, 축과 마찬가지로 20마리를 의미한다. 과일이나 채소를 세는 단위도 다양하다. 한 접은 과일, 배추, 무, 마늘 등을 셀 때 100개를 나타내고, 한 거리는 오이, 가지를 셀 때 50개를 의미한다. 한 죽은 옷, 신, 그릇 등을 셀 때 10개를 의미한다. 또, 달걀 한 꾸러미는 10개를 말하고, 달걀 한 판은 30개를 의미한다. 김 한 톳은 김 100장을 세는 단위이다.

- 수량: 한 무리의 단위를 가리키는 것

1 민지는 고등어 2손, 청어 3두름, 오징어 5축을 샀다. 모두 몇 마리인지 구하시오.

STEAM 2 우리 조상들이 사용하던 단위들은 요즘은 거의 사용하지 않는다. 그 이유를 서술하시오.

21 농구장의 넓이는?

정답 및 해설 12쪽

농구 경기는 바스켓을 공중에 매달아 놓고 볼을 넣으며 득점하는 구기 종목으로, 한 팀이 5명으로 구성된 두 팀이 벌이는 스포츠이다. 농구를 영어로 '바스켓볼(basketball)'이라 하는데 이것은 골대가 바스켓 형태이기 때문이다. 두 팀이 서로 볼을 패스, 드리블, 슛하여 얻은 점수로 승부를 결정하고, 신체적 접촉 없이 공격과 방어를 해야 한다. 우리나라에는 1907년 미국 선교사 길레트에 의해 전해졌으며 1983년부터 시작된 농구 대잔치에 이어 1997년에는 프로농구리그가 창설되어 대표적인 겨울 스포츠로 자리 잡게 되었다. 코트의 규격은 장애물이 없는 직사각형으로 가로 28 m, 세로 15 m의 크기이다. 코트 천장의 높이는 7 m 이상이어야 하며 충분히 밝아야 한다.

- 구기: 공을 사용하는 운동 경기로, 야구, 축구, 농구, 배구, 탁구 등이 있다.

1 농구 코트의 가로는 28 m, 세로는 15 m이다. 농구 코트의 넓이는 몇 m^2인지 구하시오.

STEAM 2 농구 코트에서 찾을 수 있는 수학적 원리를 3가지 서술하시오.

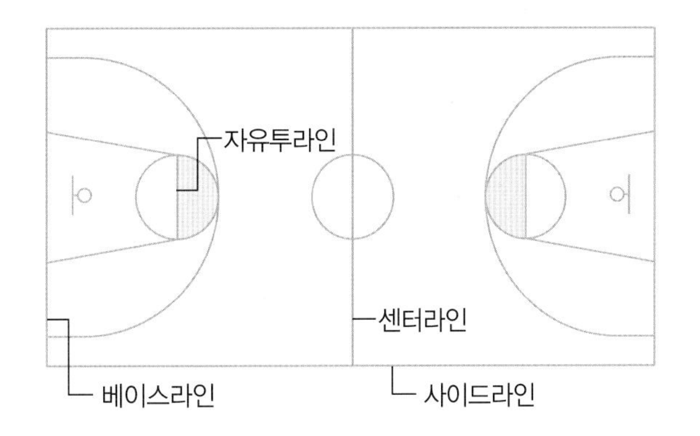

22 우리나라의 넓이

정답 및 해설 12쪽

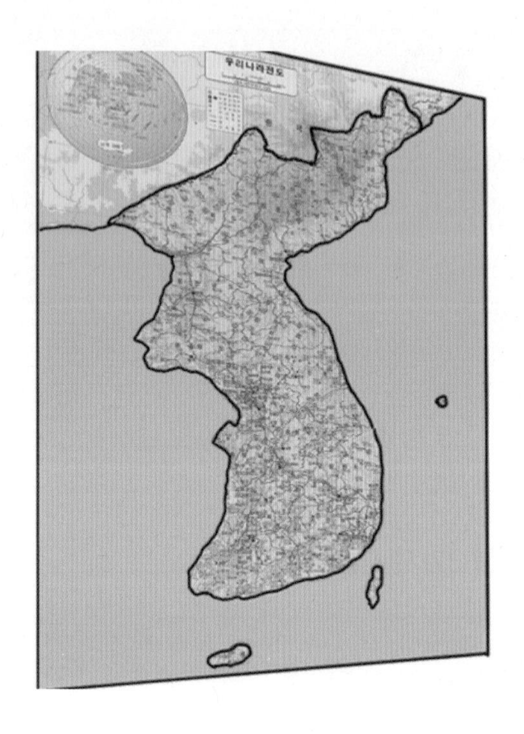

지도는 실제 지형을 알아보기 쉽게 축척을 이용하여 평면에 나타낸 것이다. 우리 조상들은 세계의 근대 지도가 만들어지기 전부터 지도를 만들어 사용했는데 우수한 것이 많았지만 임진왜란, 일제 강점기에 많이 약탈당했다. 일본의 주요 문화재로 지정된 고지도 중에는 우리의 지도를 변조하거나 베낀 것이 있다. 현존하는 우리나라 전국지도 중 가장 큰 지도인 〈대동여지도〉는 1930년까지도 여러 분야에서 많이 이용되었다.

▲ 대동여지도

지도를 이용하면 두 지점 사이의 거리나 면적 등을 쉽게 알아볼 수 있기 때문에 지도는 매우 중요한 자료이다.

• 축척: 지도 상에서의 거리와 지표 상에서의 실제 거리와의 비율

1 사다리꼴의 넓이를 구하는 방법을 그림을 이용해 서술하시오.

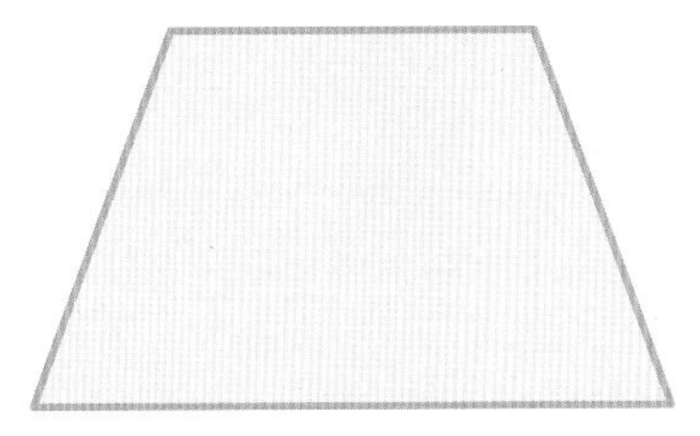

다음 그림은 우리나라의 지도이다. 지도의 넓이를 구하는 방법을 서술하시오.

23 세계 최초의 우량계

정답 및 해설 13쪽

장마철 일기 예보를 보면 비가 대략 몇 mm 올지 알려준다. 비가 온 양을 확실하게 알면 비로 인한 피해를 미리 막을 수 있기 때문이다. 언제부터 비가 온 양을 정확하게 수치로 나타냈을까? 조선 시대 세종대왕 때(1441년, 세종23) 빗물을 그릇에 받아 비의 양을 재는 우량계인 측우기가 처음 만들어졌다. 이것은 이탈리아 토리첼리가 만든 우량계보다 198년 앞선 것이다. 이는 우리나라가 처음으로 하늘을 보고 기상 현상을 예측하던 시대에서 기구를 사용하여 정확한 값을 측정하는 시대로 바뀌었음을 의미한다. 현재 측우기는 금영측우기(보물 제561호) 1기가 남아 있고, 측우기를 올려놓기 위해 사용한 측우대는 관상감 측우대, 창덕궁 측우대, 대구 선화당 측우대, 통영 측우대, 연경당 측우대 5기가 있다.

▲ 측우기

- 수치: 계산하여 얻는 값
- 우량계: 비가 내린 양을 재는 기구로, 단위는 mm로 나타낸다.

1 다음 중 측우기를 대신해 강우량을 측정하기 알맞은 용기를 고르고, 그 이유를 서술하시오.

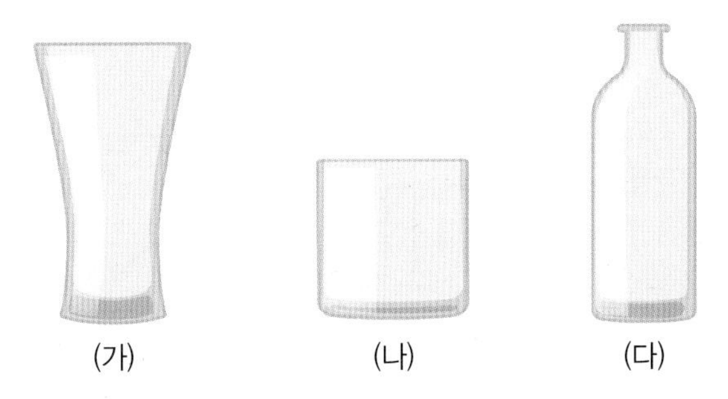

2 측우기가 없던 옛날에는 비가 온 양을 어떤 방법으로 알아냈을지 서술하시오.

24 시간의 가치

정답 및 해설 13쪽

미국의 한 서점에서 있었던 일이다. 서점 주인인 벤자민 프랭클린이 서점에 들어온 손님에게 인사를 했고, 손님은 책을 훑어보다 책 하나를 가리키며 물었다.

"이 책은 얼마입니까?"

"1달러입니다. 손님."

프랭클린이 정중하게 대답하자 손님은 미소를 띠며 말했다.

"조금 싸게 안 될까요?"

"그러면 1달러 15센트를 주십시오."

손님은 프랭클린이 잘못 알아들었다고 생각하고 다시 이야기했다.

"조금 깎아 달라고요."

"그럼 1달러 30센트를 주십시오."

"아니, 깎아 달라는데 왜 30센트나 더 달라는 거예요?"

▲ 벤자민

- 벤자민 프랭클린: 미국의 유명한 정치가, 외교관, 과학자, 저술가

서점 주인인 벤자민 프랭클린이 책의 가격을 깎아 달라는 손님에게 더 비싼 책값을 달라고 한 이유는 무엇인지 예상하시오.

같은 시간이라도 시간이 길게 느껴질 때가 있고, 짧게 느껴질 때도 있다. 언제 시간이 길고, 짧게 느껴지는지 자신의 경험을 서술하시오.

STEAM
창의사고력
수학 100제 초등

Ⅳ 규칙성

25 암호

정답 및 해설 14쪽

스키테일 암호는 역사상 가장 오래된 암호로 기원전 450년경 그리스인이 만들었다. 스키테일이라는 원통형 막대에 끈을 감아 메시지를 작성하여 암호화한 것으로, 끈을 풀었을 때는 무슨 내용인지 쉽게 알 수 없으나 똑같은 막대에 메시지가 적힌 끈을 감으면 암호를 해독할 수 있다. 스파르타가 페르시아와 동맹을 맺고 아테네와 전쟁을 할 때, 스파르타의 라이산더 장군은 첩자를 동맹국인 페르시아로 보내 상황을 파악하려고 했다. 페르시아로 간 첩자는 스키테일 암호를 사용하여 페르시아의 배신을 알렸고, 상황을 알게 된 라이산더 장군은 즉시 페르시아로 쳐들어가 승리를 거두었다고 한다.

▲ 암호

- 스파르타: 고대 그리스의 펠로폰네소스 반도에 위치한 도시 국가

스키테일 암호의 원리처럼 일정한 간격을 두고 글자를 읽으면 스키테일이 없어도 암호를 해독할 수 있다. 다음 <보기>의 암호를 해독하시오.

보기

스키테일 암호의 원리를 이용해 다음 <보기>의 문장을 암호문으로 바꾸어 보시오.

보기

수업 시간에 방귀 뀐 사람은 누구일까요

26 피보나치 수열

정답 및 해설 14쪽

레오나르도 피보나치는 이탈리아의 피사에서 태어난 수학자이다. 어린 시절 아버지를 따라 알제리에서 살았고, 이후 이집트, 시리아, 그리스, 시칠리아 등의 여러 나라를 여행하며 아라비아의 발전된 수학을 두루 섭렵했다. 그는 당시 유럽에서 사용하던 로마 숫자보다 지금 사용하고 있는 인도-아라비아 숫자를 사용하는 것이 훨씬 효과적이라는 사실을 깨닫고, 1202년에 《산반서》라는 책을 출판했다. 이로 인해 유럽에 인도-아라비아 숫자가 널리 보급되었다. 이 책에는 독특한 방법으로 토끼의 수를 구하는 문제가 소개되어 있는데, 피보나치 수열을 이용하면 쉽게 구할 수 있다.

• 산반서: 피보나치가 지은 책으로, '계산의 책'이라고도 한다.

1 다음과 같은 규칙으로 수를 나열했다. 표를 완성하시오.

5	1	6	7	13	20	33
1						69

STEAM 2 앞의 두 수의 합이 다음 수가 되는 수열을 피보나치 수열이라 한다. <보기>는 지후가 피보나치 수열을 보고 만든 피보나치곱 수열이다. 다음 수열의 규칙을 찾고, □에 들어갈 수를 구하시오.

보기

2, 2, 4, 8, 32, 256, □

27 파스칼의 삼각형

정답 및 해설 15쪽

수학자 파스칼은 1623년 프랑스의 오베르뉴 지방에서 태어났다. 그는 《팡세(명상록)》라는 책에 '인간은 생각하는 갈대이다.'라는 말을 남긴 유명한 철학자이기도 하다. 그의 이름을 딴 파스칼의 삼각형은 **자연수**를 삼각형 모양으로 배열한 수열이다. 이것은 처음에 중국인들에 의해 만들어졌는데, 파스칼에 의해 체계적인 이론이 만들어졌다는 것이 밝혀지면서 '파스칼의 삼각형'이라 부르게 되었고, '산술 삼각형'이라고도 한다.

▲ 파스칼

용어풀이

• **자연수**: 1부터 시작하여 하나씩 더하여 얻는 수를 통틀어 이르는 말

1 파스칼의 삼각형은 다음과 같이 정삼각형 모양과 직각삼각형 모양으로 자연수를 배열할 수 있다. 파스칼의 삼각형에서 자연수를 배열하는 방법을 서술하시오.

					1					
				1		1				
			1		2		1			
		1		3		3		1		
	1		4		6		4		1	
1		5		10		10		5		1

▲ 정삼각형 모양의 파스칼 삼각형

1					
1	1				
1	2	1			
1	3	3	1		
1	4	6	4	1	
1	5	10	10	5	1

▲ 직각삼각형 모양의 파스칼 삼각형

자연수를 직각삼각형 모양으로 배열한 파스칼의 삼각형에서 찾을 수 있는 수학적 원리를 5가지 서술하시오.

28 바둑 게임

정답 및 해설 15쪽

바둑이란 검은색 돌과 흰색 돌을 바둑판 위에 번갈아 두며 '집'을 많이 짓도록 경쟁하는 게임이다. 바둑의 기원에 대해서는 많은 설이 있는데 중국에서 발생되었다는 설이 가장 유력하다. 삼국유사를 보면 우리나라에서는 삼국시대 고구려의 승려 도림이 백제의 개로왕과 바둑을 두었다는 이야기가 있다. 그리고 백제 문화가 일본에 전파될 때 바둑도 함께 건너간 것으로 추측된다. 바둑에 사용되는 흑돌과 백돌, 바둑판을 통해 다양한 경우의 수와 규칙성을 알아볼 수 있다. 최근에는 집중력과 사고력을 키우기 위해 많은 학생이 바둑을 배우고 있다.

- 삼국유사: 고려 시대에 승려 일연이 쓴 역사책

1 규칙에 따라 다음과 같이 바둑돌을 배열했다. 열 번째 바둑돌을 놓을 때 필요한 검은 돌과 흰 돌의 개수 차를 구하시오.

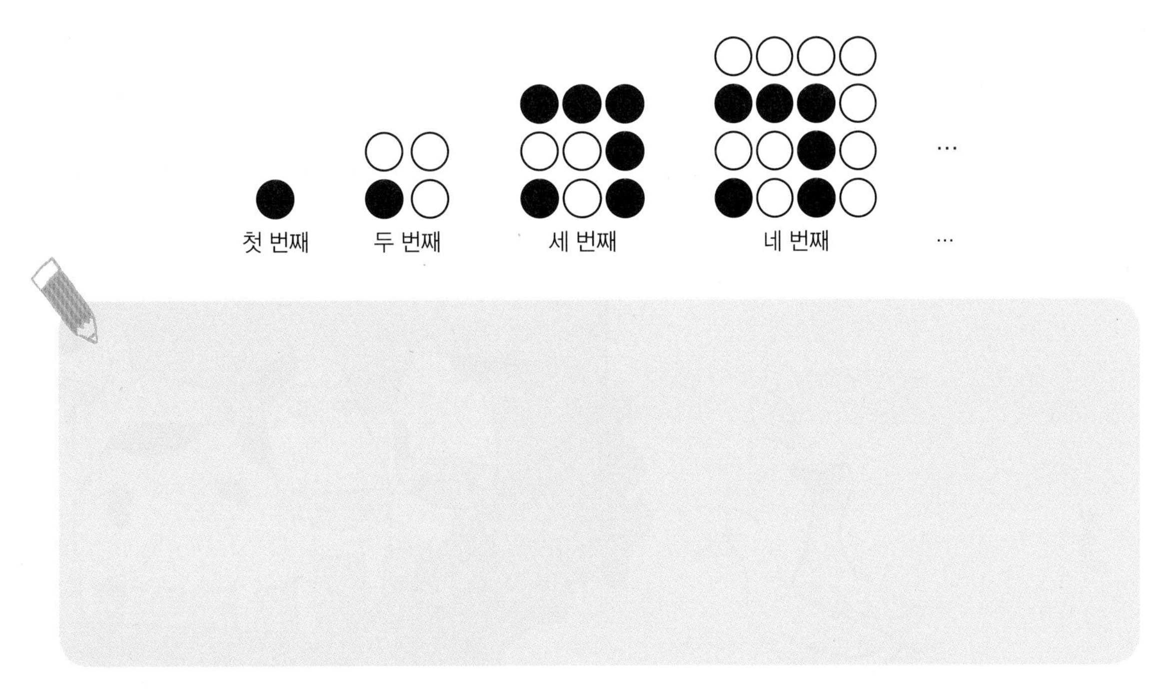

STEAM 2 바둑돌과 바둑판을 이용해 할 수 있는 재미있는 게임을 만들어 게임의 이름을 정하고, 게임 방법을 설명하시오.

29 이우영 목장

정답 및 해설 16쪽

도시에 사는 이우영은 몇 년 동안 열심히 일한 돈을 모아 시골에 내려가 '이우영 목장'을 만들었다. 이우영은 목장에서 노란 부리를 가진 거위와 신선한 우유를 주는 젖소를 키워서 부자가 되기로 마음먹었다. 한 마리, 두 마리, 세 마리, … 점점 많아지는 동물의 마릿수를 확인하고, 동물 다리의 수를 세어 보았다. 거위 다리는 2개, 4개, 6개, …, 젖소 다리는 4개, 8개, 12개, …였다. 점점 커지는 수에 뿌듯해진 이우영은 도시에 사는 친구 김주영에게 전화를 걸어 목장의 동물이 모두 몇 마리인지 구하는 문제를 냈다.

"김주영, 안녕? 이우영 목장에는 모두 몇 마리의 동물이 있을까? 알아 맞혀봐!"

과연 이우영 목장에는 모두 몇 마리의 동물이 있을까?

• 목장: 일정한 시설을 갖추어 소나 말, 양 등의 동물을 놓아기르는 곳

다음은 이우영 목장의 소의 수와 다리의 수 사이의 관계를 나타낸 표이다. 표를 완성하고, 소의 수와 다리의 수 사이의 관계를 서술하시오.

소의 수(마리)	5	6	7	8	9
다리의 수(개)	20	24			

소의 수와 다리의 수 사이의 관계와 같은 비례 관계의 예를 3가지 쓰시오.

악수

정답 및 해설 16쪽

악수는 고대부터 전해져 온 오래된 인사법으로, 일정한 규칙이 있다. 보통 동성 간에는 손윗사람이 손아랫사람에게, 선배가 후배에게, 기혼자가 미혼자에게 먼저 오른손을 내밀어서 악수를 청한다. 여성은 남성과 악수를 하지 않는 것이 일반적이지만, 여성 쪽에서 손을 내밀었을 때는 악수해도 된다는 의미이다. 하지만 이러한 규칙이 반드시 지켜져야 하는 것은 아니다. 특정한 국가나 지역에서는 왼손은 불결한 손이라 믿고 있기 때문에 반드시 오른손으로 악수해야 하는 경우가 있다. 악수할 때에는 머리를 숙여 절은 하지 않고, 바른 자세로 서서 상대의 눈을 보면서 하는 것이 올바른 방법이다. 또, 손을 너무 세게 쥐거나 손을 잡은 채로 계속 이야기하지 않아야 한다.

- 악수: 두 사람이 각자 한 손을 마주 내어 잡는 일

1 2명이 악수하면 1번의 악수를 한다. 3명이 모든 사람과 한 번씩 악수하면 3번의 악수를 한다. 4명, 5명, 6명이 모든 사람과 한 번씩 악수하면 각각 몇 번씩 악수를 하는지 구하시오.

2 모든 사람과 악수를 할 때, 사람 수와 악수하는 횟수 사이에는 어떤 관계가 있는지 서술하시오.

31 모스부호

정답 및 해설 17쪽

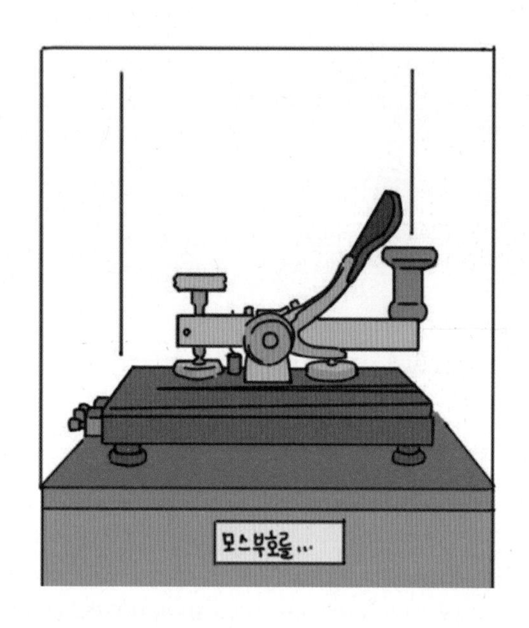

멀리 떨어져 있는 사람과 이야기를 나누고 싶다면 어떻게 해야 할까? 지금은 전화나 메시지, SNS를 이용해 멀리 있는 사람과 쉽게 이야기할 수 있다. 하지만 전화가 없던 옛날에는 멀리 있는 사람에게 정보를 전달하기 위해서는 직접 그 사람을 만나러 가거나 편지를 적어 보내야 했다.

전자석을 사용하면서부터는 **전신기**를 이용하여 신호를 주고 받을 수 있게 되었다. 모스부호는 1838년에 만들어진 전신부호로, 전선으로 연결된 두 지점에서 선과 점으로 만들어진 신호를 주고 받을 수 있다. 점(•)과 선(—)으로 이루어진 모스부호로 숫자와 알파벳을 표현할 수 있다. 모스부호는 통신기술이 발달한 지금은 거의 사용되지 않지만, 선박이나 사고, 전쟁, 자연재해 등의 비상 통신수단으로 계속 이용되고 있다.

▲ 모스 부호

- **전신기**: 전류나 전파를 이용하여 통신하는 기계

1 모스부호는 점(•)과 선(—)을 이용해 신호를 전달한다. 다음은 모스부호를 이용해 숫자를 표현하는 방법을 표로 나타낸 것이다. 숫자를 표현한 규칙을 살펴 보고, 빈칸에 알맞은 점(•)과 선(—)을 써넣으시오.

1	• — — — —	6	— • • • •
2	• • — — —	7	— — • • •
3	• • • — —	8	— — — • •
4		9	
5		10	

만약 점(•)과 선(—)을 이용해 다섯 자리 모스부호로 문자나 기호를 만들어 전달한다면 모스부호로 표현할 수 있는 문자나 기호는 최대 몇 개인지 구하시오.

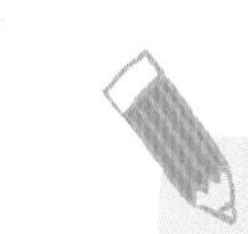

연산기호

정답 및 해설 17쪽

수학에서 가장 많이 사용되는 덧셈, 뺄셈, 곱셈, 나눗셈 네 가지 연산기호의 유래는 다음과 같다.

- 덧셈(+): 라틴어에서 '~와(과)'라는 뜻으로 쓰이는 'et(에토)'를 빠르게 쓰다 보니 형태가 바뀌어 '+' 모양이 되었다.
- 뺄셈(−): 독일의 수학자 비트만이 '모자란다'라는 뜻의 라틴어 'minus'의 약자 '−m'에서 '−'만 따로 떼어내서 쓰기 시작했다는 설과 포도주를 담아 파는 술통에 술이 줄어들면 그 분량만큼 '−' 표시를 하는 걸 보고 쓰기 시작했는 설이 있다.
- 곱셈(×): 유래는 정확하게 알려지지 않았으나 1631년에 영국의 수학자 오트레드의 《수학의 열쇠》라는 책에서 처음으로 '×' 표시를 사용했다.
- 나눗셈(÷): 1659년 스위스 수학자 하인리히 란이 처음으로 사용했다. 기호가 나오기 전에는 분수로 나눗셈을 표시했는데, 하인리히 란이 사용한 이후 널리 사용되기 시작됐다.

- 설(說): 견해, 주의, 학설, 통설 등을 이르는 말

1 다음 <보기>는 새로운 연산기호 ¤의 계산 결과이다. 주어진 문제의 답을 구하시오.

보기

4¤2=14	2¤2=8
3¤7=31	5¤6=41

7¤8=

10¤3=

2 새로운 기호 ⊗를 다음과 같이 약속했다. 주어진 문제의 답을 구하시오.

약속

$$A \otimes B = (A \times A - B) + (A - B)$$

$7 \otimes 6 =$

$12 \otimes 4 =$

STEAM
창의사고력
수학 100제
초등

V

확률과 통계

33 다트

정답 및 해설 18쪽

다트는 '작은 화살'이란 뜻으로, 5백여 년 전 영국 왕 헨리 6세의 왕위 계승 문제를 둘러싸고 벌어진 30년 전쟁에 지친 병사들이 틈틈이 빈 술통의 뚜껑을 나무 기둥이나 성벽에 달아 놓고 부러진 화살촉을 던져 맞히기 내기를 한데서 유래되었다. 전쟁 중의 불안감과 향수를 달래기 위해 시작된 다트는 그 후 경기 방법이 다양해지고 채점 방식이 체계화되면서 레저 스포츠로 발전했다. 우리나라에서는 80년대 중반까지는 주로 주한미군들 사이에서만 유행했는데 점차 일반인들에게도 보급되기 시작했다. 1991년 1월 15일에는 서울에서 한국다트협회가 정식 발족되었다. 전국 주요 도시에 지부가 설치되고 동호인 클럽도 생기면서 주말마다 지역별 경기를 하는 등 동호인 수가 날로 증가하면서 대중 레포츠로 발돋움하고 있다.

▲ 다트

- 발족: 어떤 조직체가 새로 만들어져서 일이 시작됨

1 정우와 예슬이가 다트를 하고 있다. 다트판의 점수와 두 사람의 점수가 다음과 같을 때, 예슬이가 이기게 되는 모든 경우의 수를 구하시오.

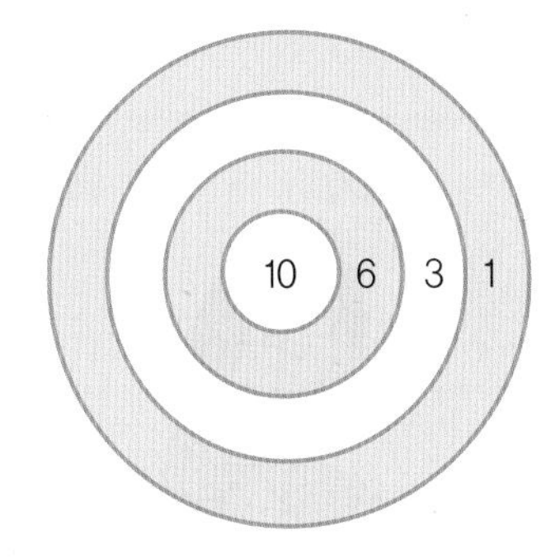

[회별 다트 점수]

구분	1회	2회	3회	합계
정우	3	6	3	
예슬	6	6		

1 의 점수판에 다트를 던져서 10점을 얻는 것은 1점을 얻는 것보다 몇 배 더 어려운 일인지 서술하시오. (단, 각 원 사이의 간격은 가장 작은 원의 반지름과 같다.)

34 순서를 정해 보자

정답 및 해설 18쪽

주영이네 학교에서 체육대회가 열릴 예정이다. 줄다리기, 멀리 던지기, 단체 줄넘기, 이어달리기 등 여러 종목을 겨루어 가장 좋은 성적을 낸 반이 우승한다. 특히, 반 대표로 2명의 여학생과 2명의 남학생이 조를 이루어 100 m씩 달리는 이어달리기에 가장 큰 점수가 걸려 있다. 평소 100 m를 마음먹고 달리면 13초 만에 달릴 수 있는 실력이 있지만 귀찮아서 천천히 달린다는 주영이도 반 대표로 이어달리기에 나가게 되었다. 뛰어난 달리기 실력뿐만 아니라 명석한 두뇌를 가진 주영이는 어떤 순서로 달리는 것이 가장 좋을지 고민하기 시작했다.

- 명석한: 생각이나 판단력이 분명하고 똑똑한

이어달리기 반 대표로 김주영, 이우영, 정민지, 한가희 4명이 선정되었다. 4명이 이어달리기 하는 순서를 정하는 모든 경우의 수를 구하시오.

다음 <보기>는 4명의 이어달리기 대표의 특징이다. 각 학생의 특징을 고려하여 이어달리기 순서를 정하고, 그 이유를 서술하시오.

보기

- 김주영: 100 m 달리기 기록이 가장 빠르다. 열정적이다.
- 이우영: 100 m 달리기 기록이 세 번째로 빠르다. 출발이 빠르다.
- 정민지: 100 m 달리기 기록이 두 번째로 빠르다. 출발이 빠르다.
- 한가희: 100 m 달리기 기록이 네 번째로 빠르다. 점점 속력이 붙는다.

발광 노수호 선생

정답 및 해설 19쪽

조선 시대의 유명한 화가들의 이름을 살펴보면 추사 김정희, 단원 김홍도, 혜원 신윤복과 같이 호(號)를 함께 표현한다. 수호는 자신도 호를 짓고 멋진 미술 작품을 만들어 보려고 한다. 수호가 지은 호는 발광(發光)이다. 발광은 빛을 낸다는 뜻으로, 앞으로 수호는 자신의 미술 작품에 발광 노수호라 표시할 것이다. 발광 노수호 선생의 미술 작품을 감상해 보자.

- 호(號): 본명 이외에 쓰는 이름으로 별명과 비슷하다.

1 다음은 발광 노수호 선생의 작품이다. 이 작품에 최소한의 색으로 이웃한 영역을 다른 색으로 칠해 보시오. (단, 각 영역에는 한 가지 색만 칠한다.)

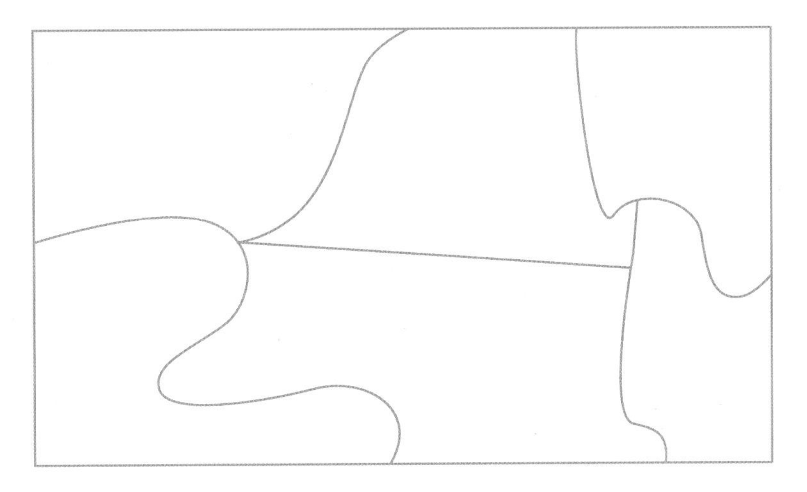

STEAM 2 빨강, 파랑, 초록, 노랑 네 가지의 색을 이용하여 다음 그림을 색칠하려고 한다. 이웃한 부분에는 서로 다른 색을 칠하여 다음 그림을 색칠하는 방법은 모두 몇 가지인지 구하시오.
(단, 모든 색을 다 사용할 필요는 없고, 각 영역에는 한 가지 색만 칠해야 한다.)

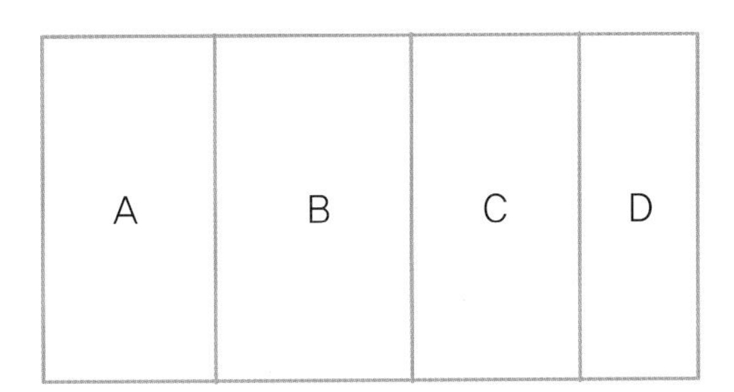

36 여행 계획 세우기

정답 및 해설 19쪽

경욱이네 가족은 곧 여행을 떠난다. **대중교통**을 이용해 부산까지 간 후 부산에서 배를 타고 제주도에 이르는 긴 여행이다. 오래전부터 가족들과의 여행을 기대해 온 경욱이는 어떤 교통수단을 이용해 어떤 경로로 여행할지 계획을 세워보기로 했다. 결국 부모님의 의사대로 결정될 테지만 완벽한 계획과 수학적인 근거를 들어 자신의 계획을 부모님께 이야기해 볼 생각이다. 경욱이와 함께 여행 계획을 세워 보자.

- **대중교통**: 여러 사람이 이용하는 버스, 지하철, 기차와 같은 교통수단

1 다음은 서울에서 부산을 거쳐 제주도로 가는 길을 나타낸 것이다. 서울에서 출발하여 부산을 거쳐 제주도로 가는 방법은 모두 몇 가지인지 구하시오.

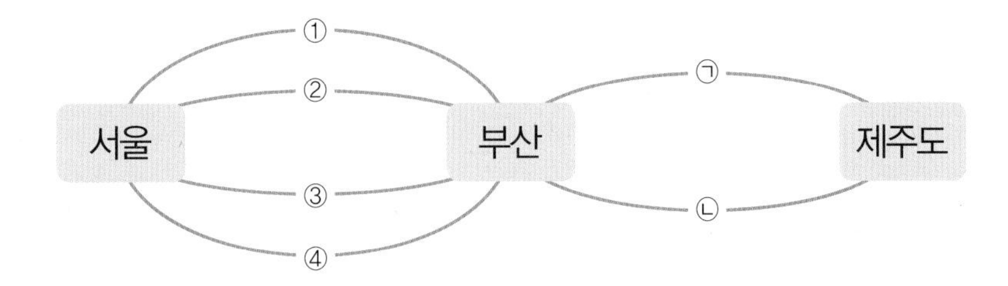

2 여행 계획을 세울 때 고려해야 할 점을 3가지 서술하시오.

37 주사위의 신

정답 및 해설 20쪽

'양주신'은 주사위의 신, 양민준의 별명이다. 양주신 양민준은 태어난 지 6개월째 실수로 작은 주사위를 삼킨 후 주사위의 신이 되었다. 그는 어떤 주사위라도 던지기만 하면 자신이 원하는 숫자를 나오게 하는 능력이 있다. 이 능력 때문에 주사위를 이용한 어떤 놀이나 게임에서 단 한 번도 진 적이 없다. 친구들은 주사위 놀이를 하며 양주신 양민준의 능력을 수학적으로 탐구해 보기로 했다.

- 주사위: 정육면체의 각 면에 1개에서 6개까지의 점을 새긴 놀이 도구

주사위 1개를 던져 나올 수 있는 모든 경우의 수와 주사위 1개를 던져 짝수가 나오는 경우의 수를 각각 구하시오.

확률은 특정한 사건이 일어날 경우의 수를 모든 경우의 수로 나누어 구한다. 주사위를 던졌을 때, 짝수가 나올 확률을 구하시오.

힌트

$$(\text{확률})=\frac{(\text{특정한 사건이 일어날 경우의 수})}{(\text{모든 경우의 수})}$$

38 우등생은 누구?

정답 및 해설 20쪽

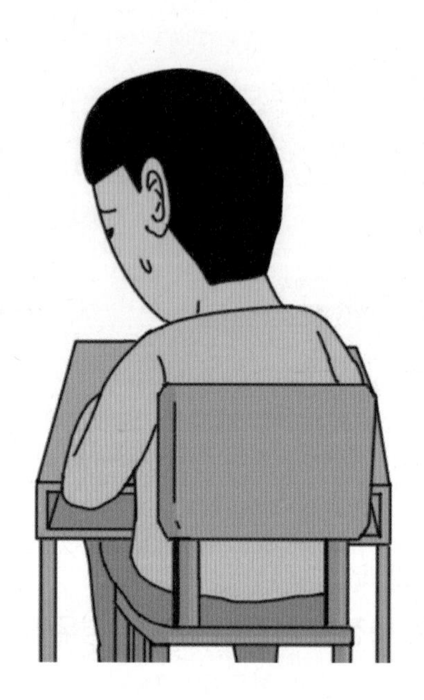

지승이와 도헌이는 서로 라이벌이다. 키도 비슷하고, 달리기도 반에서 1, 2등을 다투며, 점심시간에 밥을 먹는 것도 경쟁하는 사이다. 이번 시험에서 지승이와 도헌이는 누가 더 공부를 잘하는지 승부를 가르기로 했다. 진 사람은 1주일 동안 이긴 사람을 형이라 부르기로 했다. 누가 누구를 형이라 불러야 할지 알아보자.

• 라이벌: 같은 목적을 가졌거나 같은 분야에서 이기거나 앞서려고 서로 겨루는 맞수

다음은 지승이와 도헌이의 시험 점수이다. 두 사람의 성적의 평균을 각각 구하시오.

[지승이의 성적]

과목	국어	수학	과학	영어	합계
점수(점)	95	35	98	86	

[도헌이의 성적]

과목	국어	수학	과학	영어	합계
점수(점)	78	80	78	78	

시험 결과를 바탕으로 두 사람 중에서 자신이 생각하는 우등생은 누구인지 쓰고, 그 이유를 서술하시오.

39 평균

정답 및 해설 21쪽

시험을 보고 채점을 한 후 점수를 계산해 보거나 다른 친구들과 점수를 **비교**해 본 경험이 있을 것이다. 이때 누구의 성적이 더 좋은지 알아보는 방법은 무엇일까? 한 과목 시험 결과만 비교할 때는 점수를 비교하기 쉽지만, 다섯 과목의 시험 결과를 비교한다면 점수를 비교하기 쉽지 않을 것이다. 이럴 경우 평균을 활용하면 편하게 점수를 비교할 수 있다. 평균은 여러 과목의 시험 점수를 모두 합한 후 과목 수로 나누어 구한다.

- 비교: 둘 이상의 사물을 견주어 보는 것

1 다음은 우리 반 학생들이 일주일 동안 물을 마신 횟수를 조사한 것이다. 우리 반 학생들은 일주일 동안 평균 몇 회나 물을 마시는지 구하시오.

[일주일 동안 물을 마신 횟수]

이름	경욱	율하	도헌	태경	지성	정우	지승	합계
횟수(회)	27	53	40	36	39	50	35	

2 선생님은 1의 결과를 보고 평균에 미치지 못하는 사람에게 더 많이 물을 마실 수 있도록 노력하라 하셨다. 노력해야 할 사람은 누구인지 서술하시오.

40 패배의 원인은?

정답 및 해설 21쪽

어떤 부족이 다른 부족을 공격하기 위해 병사들을 이끌고 적진으로 향했다. 그런데 적진 바로 앞에는 큰 강이 흐르고 있어 강을 건너야 공격을 할 수 있었다. 부족의 우두머리는 병사들을 이끄는 장군에게 강의 평균 수심이 얼마냐고 물었다. 장군은 평균 수심이 140 cm라 대답했고, 부족의 우두머리는 병사들에게 즉시 강을 건널 것을 명령했다. 병사들은 수영을 잘하지 못했지만, 키가 모두 165 cm 이상이었기 때문이었다. 하지만 강을 건너던 병사들은 모두 강물에 빠져 죽고 말았다. 강에서 어떤 일이 있었던 것일까?

용어풀이

- 수심: 강, 바다, 호수의 물의 깊이

병사들이 모두 강물에 빠져 죽은 이유를 강의 평균 수심과 관련하여 서술하시오.

우리 생활에서 평균이 활용되는 경우를 찾아 서술하시오.

STEAM
창의사고력
수학 100제
초등

VI 융합

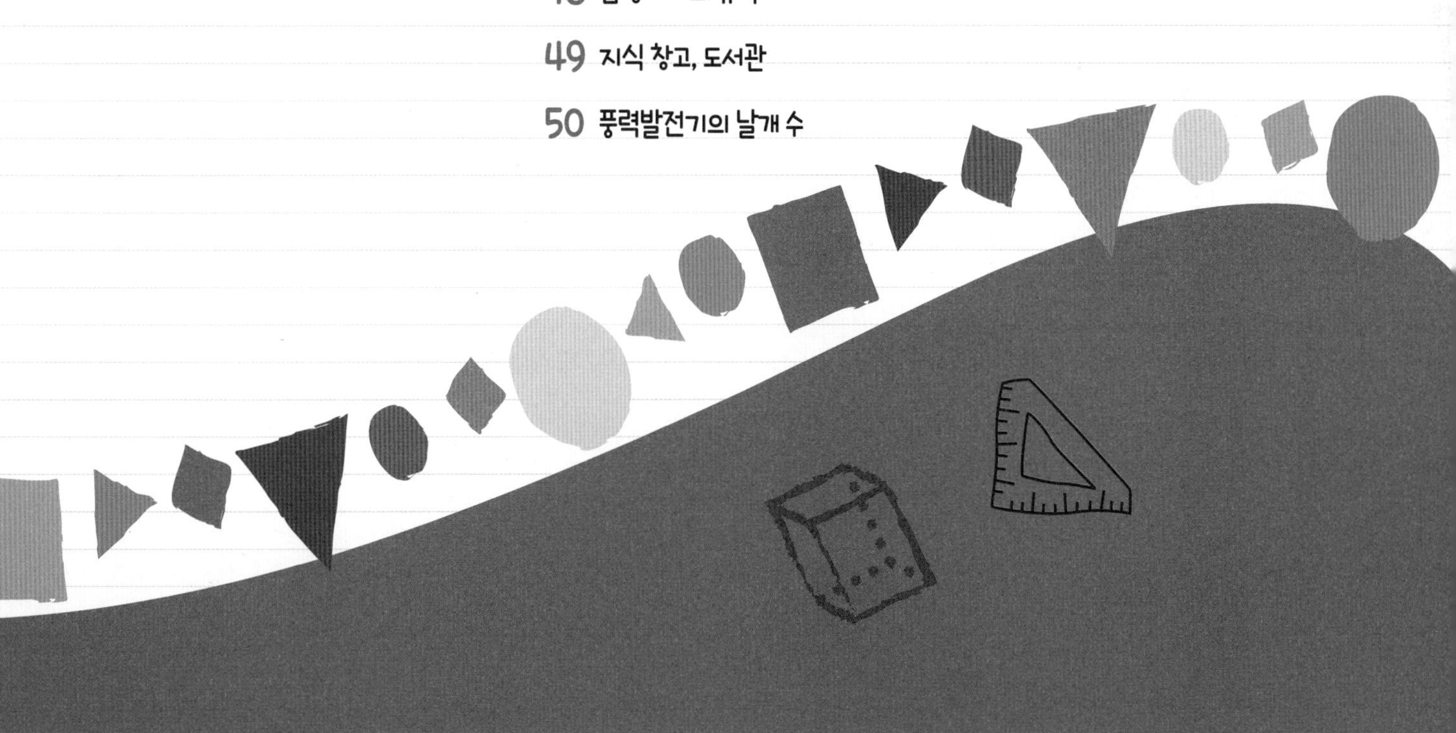

41 나무도 잠을 잔다?

정답 및 해설 22쪽

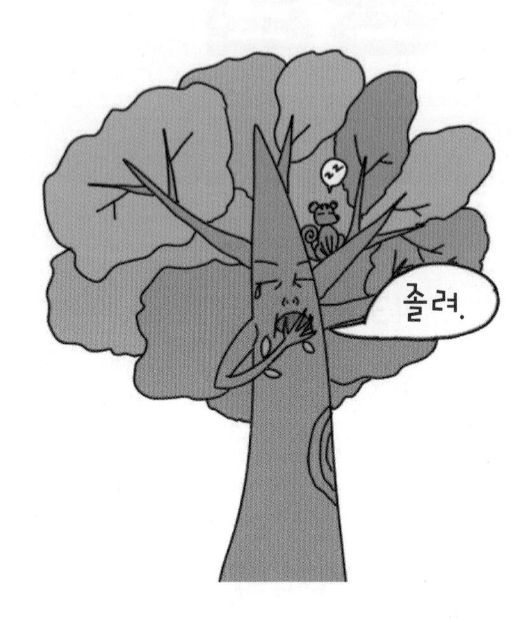

저녁이 되면 잠자리에 들듯 대부분의 동물은 24시간 **주기** 리듬에 맞춰 생활한다. 그렇다면 사시사철 한자리에 우뚝 서 있는 나무는 어떨까? 최근 핀란드, 오스트리아, 헝가리 과학자들로 이루어진 공동연구팀이 나무의 밤낮 주기를 조사한 흥미로운 연구 결과를 내놓았다. 밤이 깊어질수록 나무의 잎과 가지들이 점점 아래로 내려앉고, 아침이 되면 다시 고개를 들기 시작해 원래 위치로 되돌아온다. 그러나 대략 5 m 높이의 나무 기준으로 10 cm 정도의 변화가 감지돼 사람이 쉽게 인식할 수 있는 수준은 아니다. 그러나 이 움직임은 매우 체계적이고 정확하다.

- 주기: 같은 현상이나 특징이 한 번 나타나고부터 다음번 되풀이되기까지의 기간

밤이 되면 5 m 높이의 나무 기준으로 10 cm 정도의 변화를 관찰할 수 있다. 나무 높이에 대한 나무의 움직임의 비율을 소수로 나타내시오.

밤이 되면 나무의 잎이나 가지가 점점 아래로 내려가는 이유를 서술하시오.

42 꿈의 음속 열차

정답 및 해설 22쪽

음속에 가까운 속도를 낼 수 있는 초고속 열차의 개발이 점점 현실로 다가오고 있다. 미국 일간지에 따르면 초고속 열차 하이퍼루프를 개발하고 있는 기업은 최근 8천만 달러(약 930억 원)를 새로 투자받았다고 한다. 이번 투자는 두 번째로, 기존 투자와 합치면 총액은 1억 달러(약 1170억 원)를 넘는다. 하이퍼루프는 진공에 가까운 터널 안에서 자기 부상 기술로 열차를 레일에서 띄워 사람이나 화물을 음속에 가까운 시속 1200 km로 옮길 수 있는 교통수단이다. 이를 이용하면 미국 로스앤젤레스에서 샌프란시스코까지 약 25분, 우리나라 서울에서 부산까지 약 16분 만에 주파가 가능하다. 과연 서울에서 부산까지 16분 만에 이동하는 시대가 올 수 있을까?

▲ 하이퍼루프

용어풀이

• **음속**: 소리가 전파되는 속도로, 공기 중의 음속은 0 ℃, 1기압일 때 초당 331.5 m이다.

1 서울에서 부산까지의 거리는 약 400 km이다. 본문의 내용을 바탕으로 미국의 로스앤젤레스와 샌프란시스코 사이의 거리는 약 몇 km인지 구하시오.

2 하이퍼루프가 빠르게 이동할 수 있는 이유를 서술하시오.

루빅스 큐브

정답 및 해설 23쪽

루빅스 큐브는 퍼즐의 일종으로, 보통 여러 개의 작은 정육면체가 모여 만들어진 하나의 큰 정육면체의 형태이며, 각 방향으로 돌아가게끔 만들어져서 흩어진 각 면의 색깔을 같은 색깔로 맞추는 장난감이다. 일반적으로 정육면체 가로, 세로에 각각 3줄씩 있고, 각 줄은 모두 360° 회전할 수 있다. 1974년 헝가리의 건축학 교수였던 에르노 루빅(Errno Rubik)이 학생들에게 3D(3 dimensions)의 개념을 가르치기 위해 만들었다가 1980년 판매되기 시작했다. 총 27개의 독립된 정육면체와 54개의 작은 면으로 구성된 루빅스 큐브는 우리나라는 물론 전 세계적으로 큰 인기를 끌었으며, 지금도 많은 사람이 그 모양을 찾아내고 맞추는 방법을 연구하고 있다.

- 3D: 3차원, 공간이 상하, 좌우, 전후 세 방향으로 이루어져 있음을 나타내는 말

1 3×3×3 루빅스 퍼즐의 모든 겉면에 페인트를 칠할 때, 페인트가 칠해진 면이 3개, 2개, 1개인 정육면체의 개수를 각각 구하시오.

루빅스 큐브는 정육면체로 구성된 큐브이다. 큐브를 루빅스 큐브와 같은 성질을 가진 다른 도형으로 만든다면 어떤 도형이 가능할지 이유와 함께 서술하시오.

44 대칭 수

정답 및 해설 23쪽

벤 존슨(Ben Jonson, 1572~1637)

개	똥	아
똥	쌌	니
아	니	오

토마토, 오디오, 별똥별, 아시아, 이 글자들의 공통점은 무엇일까? 똑바로 읽거나 거꾸로 읽어도 똑같은 글자라는 것이다. 이와 같은 단어나 문장을 회문(回文), 영어로는 팔린드롬(palindrome)이라 한다. 팔린드롬이라는 용어는 영국 작가 벤 존슨(Ben Jonson, 1572~1637)이 그리스어 단어 palin(뒤)과 dromos(방향)를 조합하여 처음 만들었고, 2000여년 전부터 언어유희나 문학적 기법으로 사용되었다. 팔린드롬 수는 팔린드롬을 수학에 적용한 것으로, 거울 수(Mirror Number), **대칭 수**, 회문 수 등 여러 가지 이름으로 불린다. 팔린드롬 수의 예는 11, 22, 33 등과 같은 두 자리 수부터 121, 252, 2332, 34543 등 다양하다.

- **대칭 수**: 앞으로 읽으나 뒤로 읽으나 같은 수

다섯 자리 수에서 팰린드롬 수를 찾으면 34543, 76067 등이 있다. 다섯 자리 수 중에서 팰린드롬 수가 되는 수의 개수를 구하고, 그 방법을 서술하시오.

'다시 합창합시다'와 같이 앞으로 읽으나 뒤로 읽으나 같은 문장을 만드시오.

45 기수법

정답 및 해설 24쪽

숫자를 표기하는 가장 오래된 방법은 단위 수를 수직선, 원 또는 점 등의 기호로 정하여 이를 반복하여 나타내는 것이다. 이를 단항 기수법이라 하는데, 예를 들어, 1을 나타내는 단위 기호가 |이라면 5는 '|||||', 10은 '||||||||||'로 표기한다. 초기의 단항 기수법에서는 많은 수를 나타낼 때 기호들을 같은 줄에 표기했다. 그러나 한 줄에 쓰인 기호들이 많아지면 눈에 쉽게 들어오지 않는 단점이 있었다. 따라서 이후에는 한 줄에 기호가 특정 개수를 넘으면 다음 줄로 넘어가는 방식을 사용했다. 학자들에 따르면, 일렬로 나열된 단위 기호가 4개를 넘으면 한 번에 알아보기 힘들기 때문에 단항 기수법에서 한 줄에 쓰인 기호는 최대 4개가 일반적이었다고 한다. 이것을 4의 법칙이라 한다. 실제로 고대 이집트에서는 초기 단항 기수법에서 한 줄에 단위 기호를 4개씩 표기했고, 이를 통해 단항 기수법에서 4의 법칙을 확인할 수 있다.

- 기수법: 숫자를 사용하여 수를 적는 방법

1 우리 생활 속에서 숫자를 4개씩 묶어서 사용하는 예를 찾아 쓰시오.

2 자신만의 숫자를 만들어 기수법의 원리를 설명하시오.

테트리스

정답 및 해설 24쪽

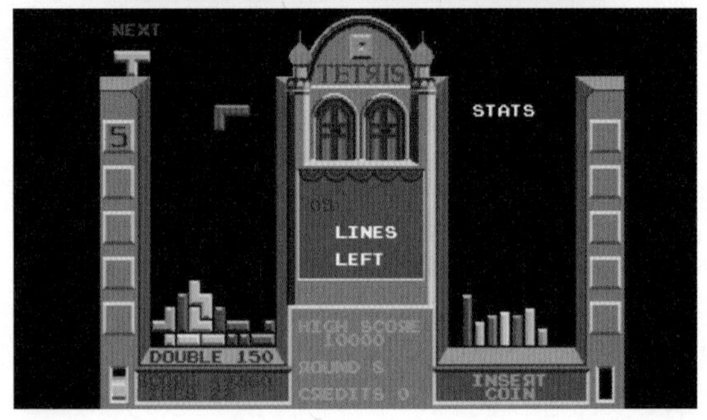

테트리스 게임은 1984년 러시아의 프로그래머가 개발한 퍼즐 게임이다. 테트리스는 누구나 쉽게 즐길 수 있어 전 세계적으로 급속히 퍼지면서 가장 오랫동안 사랑받아 온 게임이 되었다. 테트리스(Tetris)는 고대 그리스어 숫자 '4'를 뜻하는 'Tetra'와 개발자가 좋아했던 운동인 테니스(Tennis)를 결합한 것이다. 정사각형 5개로 이루어진 도형인 펜토미노를 단순화시켜 4개의 정사각형으로 이루어진 **테트리미노**로 바꾸고, 조각의 모양을 7개로 제한했다. 게임 방법은 위에서 떨어지는 조각을 쌓아 한 줄을 꽉 채우면 그 줄이 사라지면서 점수를 얻고, 조각이 맨 위까지 쌓이지 않게 차곡차곡 쌓아 줄을 사라지게 하는 것이다. 테트리미노 조각은 7개이지만 밀거나 돌릴 수 있기 때문에 다양한 방법으로 쌓을 수 있다.

- **테트리미노**: 정사각형 4개로 이루어진 도형이며, 테트리스 게임에서 사용된다.

1 정사각형 4개로 이루어진 테트리미노는 다음 <보기>와 같이 총 5가지이다. 펜토미노는 정사각형 5개로 이루어진 도형이다. 펜토미노의 모양을 모두 그리시오. (단, 뒤집거나 돌려서 같은 모양의 도형은 같은 도형으로 본다.)

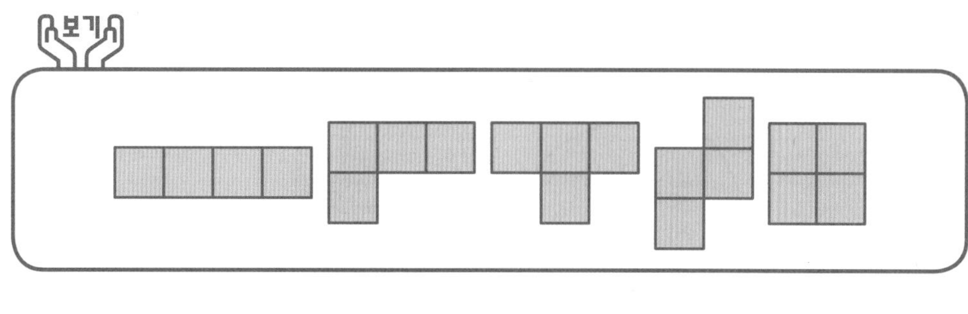

STEAM **2** 테트리스와 같이 펜토미노를 이용해 할 수 있는 게임을 만들고, 게임 방법을 서술하시오.

47 수학적인 대통령

정답 및 해설 25쪽

반올림은 구하는 자리보다 한 자리 아래의 숫자가 5보다 작을 때는 버리고, 5와 같거나 5보다 클 때는 올리는 방법을 말한다. 예를 들어, 54387을 반올림하여 백의 자리까지 나타낼 때, 수 54387에서 구하려는 자리의 한 자리 아래 숫자가 8이므로 그 수를 10으로 어림하면 54400이다. 반올림은 이승만 대통령 시절의 역사적 사건으로 인해 더욱 유명해졌다. 1954년 국회는 이승만 대통령의 종신집권을 가능하게 하는 헌법 개정안을 놓고 표결을 벌였다. 법안이 통과되려면 의원 203명 중 $\frac{2}{3}$(135.33…)에 해당하는 찬성표가 나와야 했다. 그러나 개표 결과 찬성은 135표에 불과했다. 이에 따라 국회부의장은 부결을 선포했으나, 당시 집권당인 자유당은 0.33…은 계산에 넣지 않아야 한다고 주장하면서 135표로 법안이 가결된 것으로 정정 선포했다. 반올림의 원리가 악용되면서 역사의 흐름까지 바꿔버린 것이다.

• 종신: 목숨을 다하기까지의 동안

지승이네 반 학생은 모두 29명이다. 이번 수학 시험 성적이 상위 10 % 미만인 학생에게 상장을 주려고 할 때, 몇 등까지 상장을 받을 수 있는지 서술하시오.

선거 결과를 반올림하는 것은 올바른 결과를 나타낸다고 할 수 없다. 선거 결과와 같이 반올림을 사용하면 적절하지 않은 예를 서술하시오.

암행어사의 유척

정답 및 해설 25쪽

'암행어사'하면 많은 사람이 마패를 떠올리지만, 마패의 주 용도는 말을 빌리기 위한 것이다. 마패 외에 암행어사의 필수품으로 '유척'이 있다. 유척은 놋쇠로 만든 자로, 길이 246 mm, 폭 12 mm, 높이 15 mm인 긴 사각기둥 모양이다. 처음에는 나무로 만들었지만 영조 시대에 정교하고 변형이 작은 놋쇠로 만들었다. 유척의 각 면에는 서로 다른 자를 새겨 자 하나를 다양한 용도로 쓸 수 있다. 악기 제조에 쓰였던 '황종척', 곡식을 재는 데 사용된 '영조척', 옷감 거래 및 의복 제조에 사용되는 '포백척', 제사 관련 물품을 만드는 데 사용되는 '예기척', 토지 길이를 쟀던 '주척'이 새겨져 있다. 예기척과 주척은 같은 면에 새겼다. 암행어사는 유척을 지니고 지방을 돌아다니며 세금 걷는 도구가 나라에서 정한 기준에 맞는지 측정하여 부패한 지방 관리들을 심판했다.

▲ 유척

- **암행어사**: 조선 시대에 왕의 특명을 받아 지방에 파견된 관리

유척 7개를 연결하여 측정할 수 있는 길이는 최대 몇 m인지 구하시오.

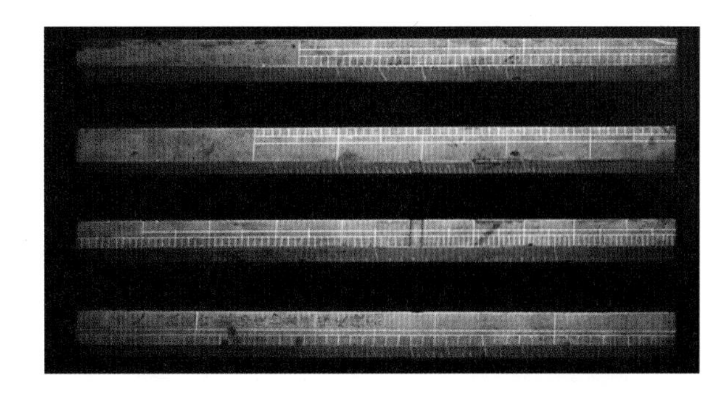

유척에 새겨진 눈금과 간격 250개를 측정해 보면 지금의 자와 비교해도 눈금의 균일성과 정밀도에 있어 차이가 없을 만큼 정확하다. 만약 유척이 정확하지 않으면 일어날 수 있는 일을 서술하시오.

49 지식 창고, 도서관

정답 및 해설 26쪽

도서관은 단순히 책만 있는 것이 아니라 다양한 자료를 정리, 분석, 보존하여 모두에게 제공함으로써 정보 이용, 조사, 연구, 교육 등에 도움을 주는 시설이다. 도서관에서는 책이나 잡지 등의 인쇄 매체부터 영상, 비디오게임, 마이크로 필름, 디지털 자료 등 여러 가지 형태의 자료를 볼 수 있다. 역사상 최초의 도서관은 **아시리아**의 왕 아슈르바니팔이 수도 니네베에 세운 니푸르 도서관이다. 이곳에서 약 4천여 개의 점토판이 발견되었다. 역사상 유명한 도서관 중 알렉산드로 3세가 이집트에 세운 알렉산드리아 도서관은 당대 유명한 학자들이 모여 연구하는 학문의 전당이었다. 2017년 조사 자료에 따르면 우리나라에는 총 1042개의 도서관이 있으며, 그중 경기 지역에 250개, 서울 지역에 160개의 도서관이 있다.

- **아시리아**: 기원전 2500년경에 아수르를 중심으로 오리엔트 지역을 최초로 통일한 나라

1 우영이와 지영이는 매주 도서관에서 책을 읽기로 했다. 지영이는 지금까지 20권의 책을 읽었고 매주 2권의 책을 읽을 예정이며, 우영이는 지금까지 3권의 책을 읽었고 매주 2.5권의 책을 읽을 예정이다. 우영이가 지영이보다 더 많은 책을 읽게 되는 것은 몇 주 후인지 구하시오. (단, 우영이와 지영이는 각각 매일 똑같은 양의 책을 읽는다.)

STEAM 2 다음은 현재와 5년 전 국민독서실태를 조사하여 비교한 그래프이다. 우리나라 독서량이 감소하는 이유를 3가지 서술하시오.

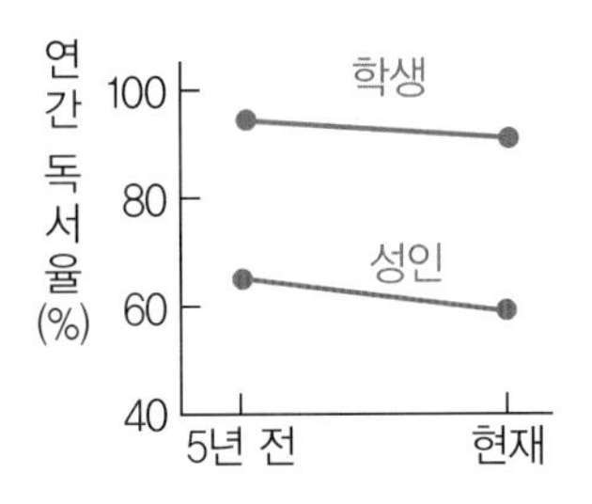

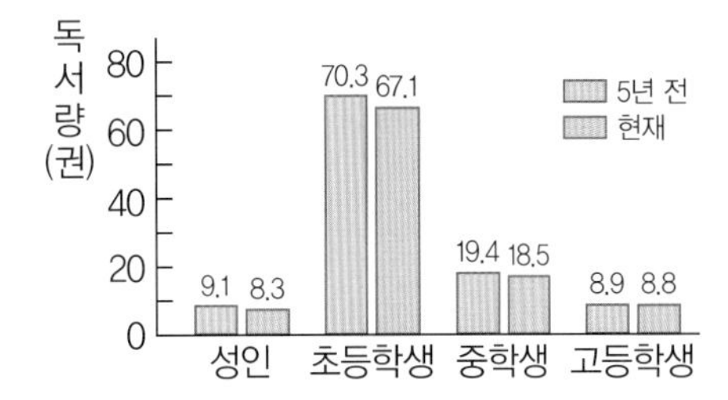

50 풍력발전기의 날개 수

정답 및 해설 26쪽

양떼목장으로 유명한 강원도 대관령은 우리나라에서 바람이 많이 부는 곳 중 하나이다. 양떼목장으로 가는 길목에는 사람들의 발길을 사로잡는 거대한 **풍력발전기**가 있는데, 풍력발전기는 하얀색의 거대한 바람개비 모양이다. 우리나라뿐만 아니라 해외의 모든 풍력발전기는 약속이나 한 듯 3개의 날개로 구성되어 있다. 풍력발전기의 날개가 3개인 이유는 무엇일까?

- **풍력발전기**: 바람의 에너지를 전기 에너지로 바꿔주는 장치

1 풍력발전기의 날개 3개가 균형을 이루기 위해서 각 날개 사이의 적절한 각도는 몇 도인지 구하시오.

2 풍력발전기의 날개가 4개로 늘어날 경우 장점과 단점을 서술하고, 풍력발전기의 날개가 3개인 이유를 서술하시오.

STEAM
창의사고력
수학 100제
초등

영재교육원

영재성검사 창의적 문제해결력

기출문제

영재성검사 창의적 문제해결력

기출문제

정답 및 해설 28쪽

1 다음 그림의 다각형 (가)~(라)의 각 변의 길이는 2 cm로 같다. (가)는 정사각형, (나)는 정삼각형, (다)는 정육각형, (라)는 정삼각형 2개를 붙인 모양이다. 또, (마)는 긴 대각선의 길이는 (라)의 긴 대각선의 길이와 같고, 짧은 대각선의 길이는 (라)의 짧은 대각선의 길이의 $\frac{1}{2}$이다. 다음 물음에 답하시오. (단, (정삼각형의 한 변의 길이) : (높이)=1 : 0.87이다.)

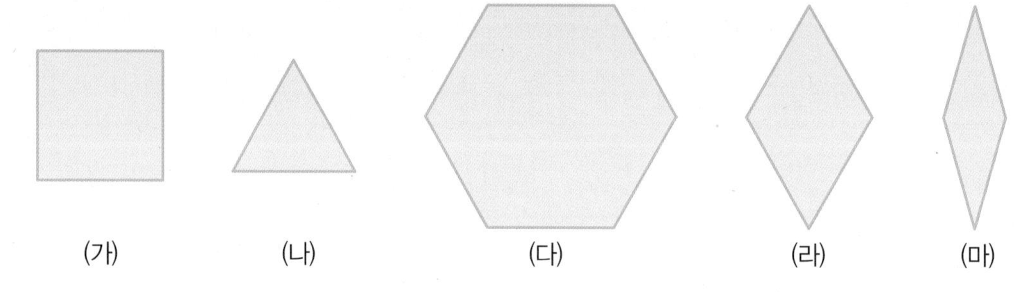

(1) 5개 도형의 넓이를 각각 구하시오.

(2) (가)~(마) 중에서 2가지 이상의 도형을 사용하여 넓이의 합이 21.4 cm^2인 도형의 넓이를 구하는 식을 10가지 세우시오.

2

1에서 49까지 번호가 각각 하나씩 적힌 방이 있다. 어떤 번호가 적힌 방을 선택하면 이 방에 적힌 수에 2배한 수가 적혀 있는 방, 또 그 방에 적힌 수에 2배한 수가 적혀 있는 방의 순서로 모든 방이 처음 선택한 방에 적힌 수로 묶이게 된다. 예를 들어 1번 방을 선택하면 2번, 4번, 8번, 16번, 32번 방은 1번 방에 묶이게 된다. 1~49번 방을 모두 선택한다면 몇 개의 방으로 묶이게 되는지 구하시오. (단, 다른 방에 한번 묶인 방은 선택할 수 없다.)

1	2	3	…	48	49

3

영재가 좋아하는 모바일 게임에서는 금화를 모아 장비를 살 수 있다. 각 장비를 사기 위한 조건은 다음과 같다.

- 칼: 금화 5개
- 방패: 칼 2자루+금화 3개
- 갑옷: 방패 2개+금화 4개
- 말: 칼 1자루+방패 3개+갑옷 2벌

영재가 게임에서 4가지 장비를 모두 사기 위해서 총 몇 개의 금화가 필요한지 풀이 과정과 함께 구하시오.

4 다음 〈가〉, 〈나〉, 〈다〉에 들어갈 내용을 구하시오. (단, 사용된 수는 1부터 30까지의 수이다.)

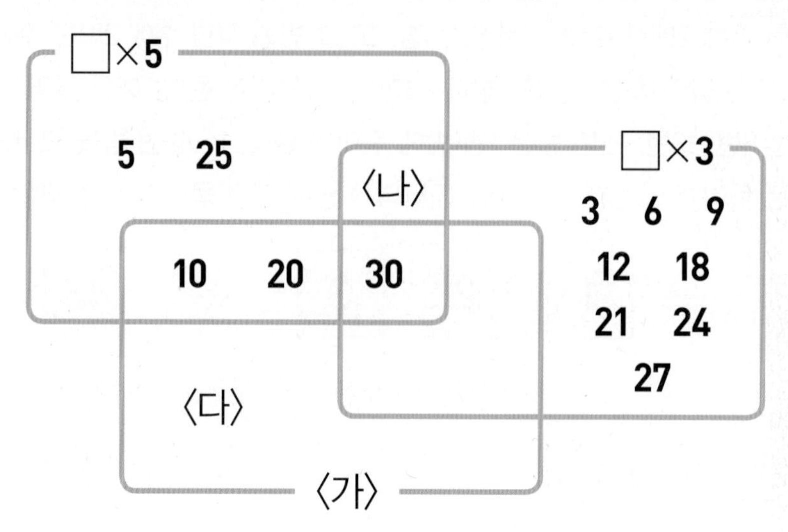

5 ○ 안에 사칙연산 +, −, ×, ÷를 한 번씩만 사용하여 계산한 값이 최소가 되도록 할 때, 그 계산식과 식의 값을 구하시오.

$$\frac{1}{2} \bigcirc \frac{2}{3} \bigcirc \frac{3}{4} \bigcirc \frac{4}{5} \bigcirc \frac{5}{6} = \square$$

6

다음 표는 온음표(온쉼표)를 1로 나타내었을 때 각 음의 길이를 분수로 나타낸 것이다.

음표	①	②	③	④	⑤
쉼표	⑥	⑦	⑧	⑨	⑨
길이를 분수로	1	$\frac{1}{2}$	$\frac{1}{4}$	$\frac{1}{8}$	$\frac{1}{16}$

아래 리듬 악보와 같이 $\frac{6}{8}$ 박자 리듬 악보를 5가지 만들고, 각 리듬 악보를 분수의 덧셈식으로 나타내시오.

리듬 악보	분수의 덧셈식
$\frac{6}{8}$	
$\frac{6}{8}$	
$\frac{6}{8}$	
$\frac{6}{8}$	
$\frac{6}{8}$	

7 삼각형 안과 밖의 수는 일정한 규칙으로 이루어져 있다. 그 규칙을 설명하고 이와 같은 규칙을 갖도록 1부터 6까지의 숫자를 □ 안에 각각 한 번씩 써넣으시오.

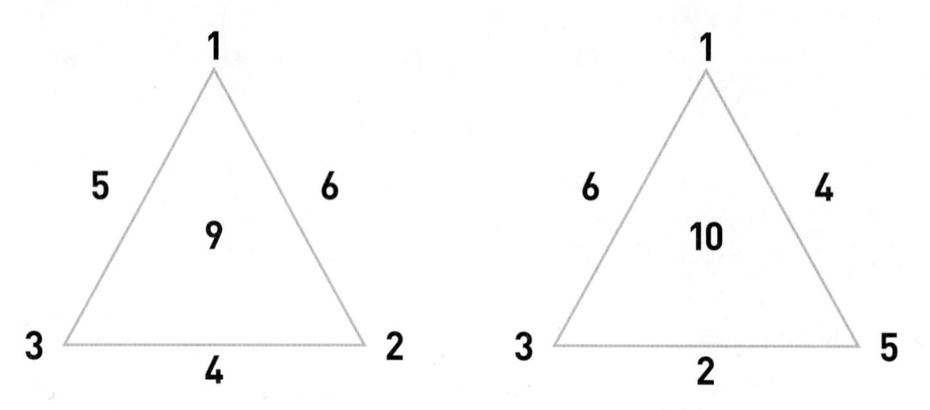

규칙

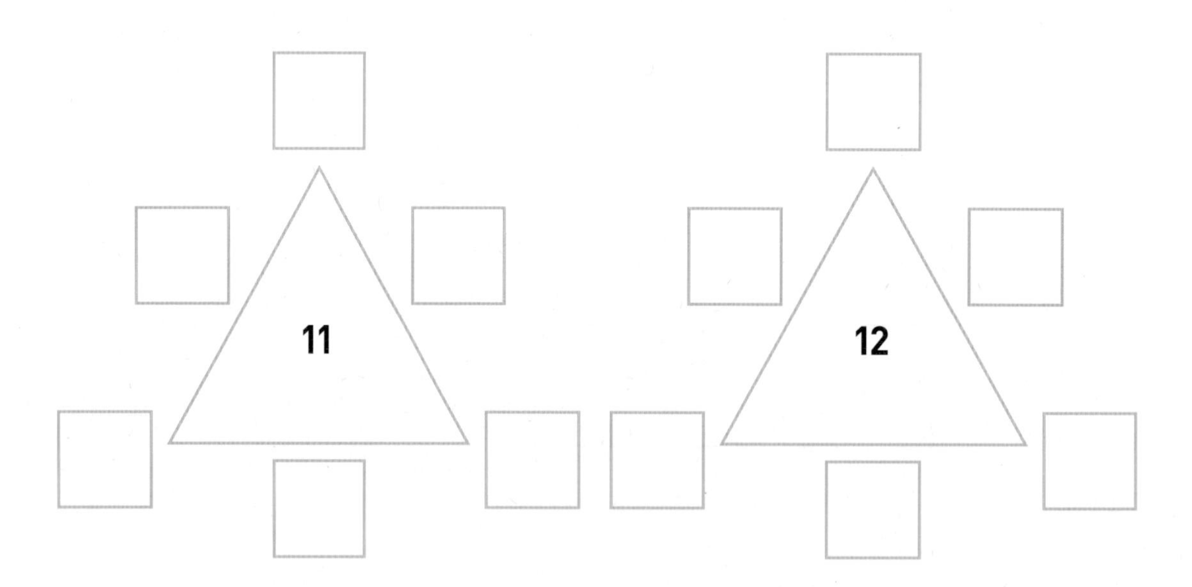

8 다음 자료를 보고 물음에 답하시오.

> 부모님과 함께 저녁 식사 준비를 돕고 있던 철수는 국을 국그릇에 담아 자리에 하나씩 놓던 중 아무도 만지지 않은 국그릇이 저절로 식탁 위에서 움직이는 것을 보았다.

(1) 위 현상을 기체의 부피 변화와 관련지어 설명하시오.

(2) 생활에서 기체의 부피가 변하여 발생하는 현상의 예를 3가지 서술하시오.

9 **코로나 병실에 관한 글을 읽고, 다음 물음에 답하시오.**

세계를 강타한 코로나19는 코로나바이러스 변종으로 비말에 의해 감염된다. 초기 코로나19 환자를 치료할 때에는 음압실과 양압실을 사용했다. 음압실은 다른 곳보다 기압을 낮춰 내부 공기가 다른 곳으로 나가지 못하게 하고, 양압실은 다른 곳보다 기압을 높여 외부의 오염된 공기가 내부로 들어오지 못하게 한다.

(1) 다음 구조에서 전실, 채취실, 검사실, 의료인 대기실을 각각 음압실과 양압실로 구분하시오.

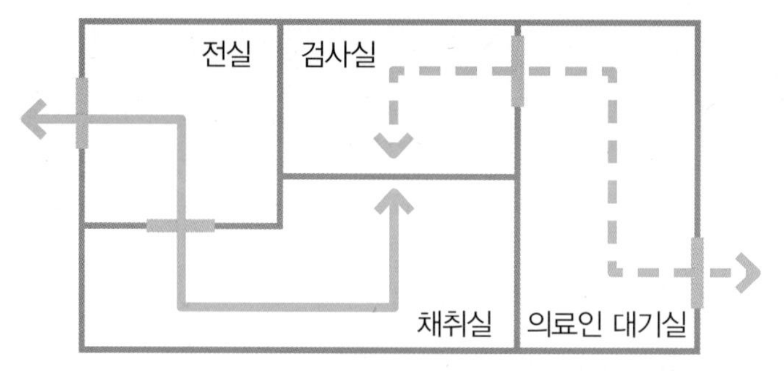

※ 전실: 손을 소독하고 방호복을 갈아 입는 공간

(2) 다음은 비행기 내부 구조이다. 비행기 내부에서 바이러스 감염 전파율이 낮은 이유를 서술하시오.

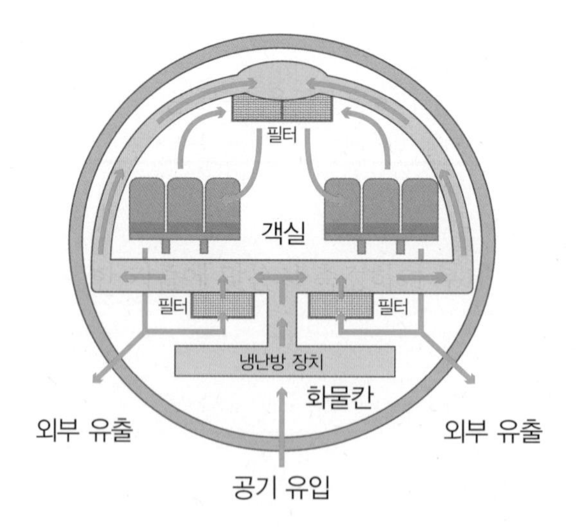

10

체감온도는 덥거나 춥다고 느끼는 체감의 정도를 나타낸 온도이다. 보통 바람이 불면 체감 온도는 주로 실제 온도보다 낮은데, 이는 체온이 실제 온도보다 높기 때문이다. 다음 물음에 답하시오.

(1) 바람이 불면 체감온도가 떨어진다. 그 이유를 서술하시오.

(2) 사막에 사는 어떤 종족은 까맣고 헐렁한 옷을 주로 입는다. 그 이유를 서술하시오.

11

그림은 서로 다른 2가지 모양의 프라이팬을 나타낸 것이다. (가)와 (나)의 적합한 용도를 3가지 제시하고, 그렇게 생각한 이유를 서술하시오.

(가) (나)

예시답안

[적합한 용도] (가) 볶음 요리 (나) 국물요리

[그렇게 생각한 이유] (나)가 (가)보다 깊이가 깊어 국물이 있는 요리를 하기 편리하다.

12 다음 자료를 보고 물음에 답하시오.

> 젖은 수건으로 온도계의 아랫부분을 감싼 후 5분간 헤어드라이어로 약하게 열을 주면 온도계의 온도는 오히려 내려간다. 이는 젖은 수건의 수분이 헤어드라이어의 더운 바람에 수증기로 변하면서 주변의 열을 가져가기 때문이다. 여름철에 젖은 수건을 몸에 두르고 있으면 시원함을 느끼는 것도 같은 원리이다.

위와 같은 물의 상태 변화를 활용할 수 있는 생활 속 예를 3가지 제시하고, 각각의 이유를 서술하시오.

13 다음 그림은 스톤을 밀고 브룸(브러쉬)을 사용하여 얼음을 문질러 스톤을 이동시키는 컬링 경기의 모습이다.

얼음을 문지르면 마찰력이 줄어 스톤은 더 멀리 나아간다. 이와 같이 실생활에서 마찰력이 처음보다 줄어서 변화가 생기는 예를 3가지 제시하시오. (단, 상황이 구체적으로 드러나도록 쓴다.)

14 다음 자료를 보고 물음에 답하시오.

> 오스트리아 스카이다이버 펠릭스 바움가르트너가 지상 39 km에서 자유낙하에 성공해 가장 높은 곳에서 뛰어내린 사나이가 되었다. 에베레스트 산보다 4배나 높고, 비행기 항로보다 3배나 높은 곳에서 뛰어내린 바움가르트너는 낙하한지 몇 초 만에 시속 1,110 km에 도달했다.
>
> ※ 자유낙하: 처음 속력이 0인 상태로 지표면을 향해 떨어지는 물체의 운동

공기가 희박한 우주공간 인근에서 사람이 자유낙하 시 특수복을 착용해야 한다. 특수복이 갖추어야 할 기능을 3가지 서술하시오.

메모

STEAM 창의사고력 수학 100제

영재교육원 영재성검사, 창의적 문제해결력 평가 완벽 대비

안쌤의

STEAM + 창의사고력 수학 100제

정답 및 해설

시대에듀

이 책의 차례

정답 및 해설

정답 및 해설

원격 진료, 그게 뭐야?

1 예시답안

- 소수 첫째 자리에서 반올림하여 매일 약 7명의 환자가 병원을 방문한다.
- 나흘 동안 병원을 방문한 환자는 $7.25\times4=29$ (명)이다.

해설

사람을 1보다 작게 나눌 수 없기 때문에 사람 수를 분수나 소수로 나타낼 수 없다. 하지만 평균과 같은 산술적인 통계에서는 정확한 정보를 나타내기 위해 사람 수를 소수나 분수로 나타낸다.

예시답안

- 육지에 있는 병원과 원격 진료를 하는 사람들이 늘어 누리 병원을 방문하는 환자 수가 줄어들 것이다.
- 섬 주민이 대부분 원격 진료에 필요한 장비가 부족하여 원격 진료의 혜택을 받지 못해 누리 병원을 방문하는 환자 수는 기존과 비슷할 것이다.
- 사람들이 원격 진료를 신뢰하지 않아 원격 진료를 받는 주민은 거의 없고, 주민들의 나이가 많아짐에 따라 누리 병원을 찾는 환자 수가 증가할 것이다.

해설

어느 주장이든 답이 될 수 있지만, 근거가 타당해야 한다.

박자의 비밀

1 모범답안

$$\left(\frac{1}{8}+\frac{1}{16}\right)\div\left(\frac{1}{2}-\frac{1}{16}\right)$$
$$=\left(\frac{2}{16}+\frac{1}{16}\right)\div\left(\frac{8}{16}-\frac{1}{16}\right)$$
$$=\frac{3}{16}\div\frac{7}{16}$$
$$=\frac{3}{16}\times\frac{16}{7}=\frac{3}{7}$$

해설

4박자인 온음표가 1이므로 2박자인 2분음표는 $\frac{1}{2}$, 1박자인 4분음표는 $\frac{1}{4}$, 반박자인 8분음표는 $\frac{1}{8}$, 반의 반 박자인 16분음표는 $\frac{1}{16}$이다. 분수의 나눗셈에서 나누는 수의 분모와 분자를 바꾼 후 분수의 곱셈으로 계산한다.

예시답안

- 1년을 4개월씩 나누어 분기로 나타낸다.
- 케이크나 피자를 몇 등분했는지 나타낸다.
- 농구 경기에서 1경기를 4로 나누어 쿼터로 나타낸다.
- 요리하는 방법을 설명할 때 재료의 양을 분수로 나타낸다.
- 채소나 큰 과일을 조각으로 나누어 팔 때 나눈 조각을 분수로 나타낸다.

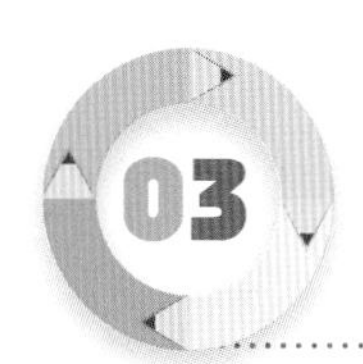

03 2월 29일의 비밀

1 모범답안

76년 후인 윤년에 핼리 혜성을 볼 수 있다.

해설

윤년은 4년에 한 번씩 돌아오며, 핼리 혜성은 76년마다 지구에서 볼 수 있으므로 4와 76의 최소공배수를 구한다. 76은 4의 배수이므로 4와 76의 최소공배수는 76이다.

STEAM 2 예시답안

- 조건 ③: 조건 ①과 ②에 의하면 100년마다 윤일이 25일($100 \div 4 = 25$)이 추가되지만, 실제로는 $0.2422 \times 100 = 24.22$ (일)이다. 따라서 연도가 100의 배수이면서 400의 배수가 아니면 평년이어야 한다.
- 조건 ④: 400년이 지나면 100년마다 0.22일 차이가 $0.22 \times 4 = 0.88$ (일)이 되므로 윤일(1일)을 추가한다.

따라서 조건 ③과 ④를 빼면 1년을 365.2422에서 0.0022를 고려하지 않게 되므로 매년 0.0022일 차이가 나고, 100년마다 약 0.88일, 400년마다 3.52일 차이가 생기게 되어 1만 년이 지나면 22일 차이가 생기게 된다.

해설

조건 ③과 ④를 빼고 조건 ①과 ②로 계산하는 것은 지구의 공전 주기가 365.24일이라 가정하고 계산하는 것이다. 하지만 실제 지구의 공전 주기는 365.2422이므로 매년 0.0022일의 차이가 생기고 이러한 차이가 계속 쌓이면 실제 1년과 날짜가 맞지 않게 된다.

04 기초대사량과 열량

1 예시답안

- 여성: 체중 40 kg, 키 146 cm, 나이 12세
  $\rightarrow 655.1 + (9.56 \times 40) + (1.85 \times 146) - (4.68 \times 12) = 1251.44$ (kcal)
- 남성: 체중 42 kg, 키 144 cm, 나이 12세
  $\rightarrow 66.47 + (13.75 \times 42) + (5 \times 144) - (6.76 \times 12) = 1282.85$ (kcal)

STEAM 2 예시답안

기초대사량은 생명을 유지하는 데 필요한 최소한의 에너지양이다. 따라서 성장이나 다른 여러 가지 활동을 하는 데 사용되는 에너지는 음식을 통해 섭취해야 한다.

해설

기초대사량은 체온 유지, 호흡, 심장 박동 등 기초적인 생명 활동을 위한 신진대사에 쓰이는 에너지양이다. 보통 휴식 상태 또는 움직이지 않고 가만히 있을 때 기초대사량만큼의 에너지가 소모된다. 성장하고, 몸을 움직이거나 공부 등 여러 가지 활동을 하기 위해서는 기초대사량 이상의 에너지가 필요하다.

정답 및 해설

05 눈으로 볼 수 없는 미생물

1

모범답안

2를 11번 곱한 값이 2048이므로 2분씩 11번이 지나야 한다. 따라서 $11\times2=22$, 즉 22분 후에 미생물 2048마리가 된다.

해설

$2\times2\times2\times2\times2\times2\times2\times2\times2\times2\times2=2048$

2

예시답안

- 현미경을 이용해 미생물을 직접 살펴본다.
- 상한 음식물을 통해 미생물이 있다는 것을 알 수 있다.
- 김치가 익거나 요구르트가 만들어지는 것을 통해 미생물이 있다는 것을 알 수 있다.
- 콜레라, 식중독 등 미생물에 의한 질병이 발생하는 것을 통해 미생물이 있다는 것을 알 수 있다.

06 올림픽의 기원

1

예시답안

- 각 연도를 4로 나눈 나머지가 같으므로 3282년에도 동계 올림픽이 열린다.
- $3282-2018=1264$ (년)이며 $1264\div4=316$이므로 3282년에도 동계 올림픽이 열린다.

해설

- $2018\div4=504\cdots2$이고, $3282\div4=820\cdots2$이므로 2018과 3282를 4로 나눈 나머지가 같다.
- 올림픽은 4년을 주기로 열리므로 2018년과 3282년의 차인 1264년을 4로 나누었을 때 나누어떨어지면 올림픽이 열린다.

2

예시답안

- 처음부터 4년마다 열렸기 때문이다.
- 다른 큰 대회와 겹치지 않도록 하기 위해서이다.
- 올림픽을 준비하는 데 많은 시간과 비용이 들기 때문이다.
- 선수들이 충분히 연습할 수 있는 시간이 필요하기 때문이다.

해설

매년 올림픽이 열리면 올림픽의 화제성이 떨어지고, 광고나 방송 등을 통해 얻어지는 이익이 투자에 비해 적기 때문에 4년마다 열린다.

07 매우 빠른 거북이

1 모범답안

약 5.0배

해설

32.4÷6.5=4.9846…이므로 약 5.0배이다.
소수 첫째 자리까지 구하려면 소수 둘째 자리에서 반올림한다.

STEAM 2 예시답안

- 거북이, 느리지만 우직하게 노력하므로 어떤 일을 하더라도 좋은 결과를 얻을 것이다.
- 토끼, 게으르지만 약삭빠르므로 적은 노력으로 좋은 결과를 얻을 것이다.

해설

정해진 답은 없지만, 어떤 동물을 선택하든 해당 동물의 성격과 연관 지어 동물을 선택한 이유가 타당해야 한다.

08 어떤 운동을 해야 할까?

1 예시답안

- 어림한 값: 일주일은 7일이므로 하루에 걸은 거리는 약 2 km이다.
- 계산한 값: 14.21÷7=2.03 (km)

계산한 값이 어림한 값보다 0.03 km 많다.

STEAM 2 예시답안

운동을 하면 근육이 많은 양의 산소와 영양분을 필요로 하므로 호흡이 빨라지고 심장 박동수가 증가한다. 또한, 땀을 흘려 노폐물을 배출하고 체온 상승을 막는다.

해설

운동을 하면 근육이 사용되는데, 근육은 많은 양의 산소와 영양분을 사용하여 에너지를 만든다. 우리 몸은 근육에 많은 양의 산소와 영양분을 빨리 공급하기 위해 변화한다. 폐는 평소보다 빠르게 산소를 받아들이고 노폐물인 이산화 탄소를 배출하므로 호흡수가 증가한다. 심장은 평소보다 빠르게 뛰며 혈액에 녹아 있는 산소와 영양분을 근육에 전달하고 이산화 탄소와 노폐물을 받아 폐와 신장으로 보낸다. 운동을 하면 체온이 높아지는데 이때는 땀을 흘려 체온을 낮춘다. 땀이 증발할 때 주위의 열을 빼앗아가기 때문이다.

정답 및 해설

09 비만도

1 예시답안

- 체중 40 kg, 키 146 cm
  - (표준체중)=(146−100)×0.9=41.4
  - (비만도)=40÷41.4×100=약 96.6 (%)

  → 정상
- 체중 52 kg, 키 148 cm
  - (표준체중)=(148−100)×0.9=43.2
  - (비만도)=52÷43.2×100=약 120.4 (%)

  → 비만

해설

(표준 체중)=(자신의 키−100)×0.9

표준 체중은 키에 따른 적절한 체중이다.

(비만도)=(실제 체중)÷(표준 체중)×100

제시된 방법과 같이 비만도를 구하는 것은 1879년 브로카에 의해 제창되었다.

예시답안

- 키 • 사는 곳 • 체지방량 • 성별
- 활동량 • 식습관 • 나이 • 근육량 등

해설

비만도는 한 가지 방법으로 표현하지 않으며, 보통 3가지 방법으로 설명한다.

- 표준 체중비에 의한 방법: 성별, 연령별의 신장별 평균 체중을 표준으로 하여 표준 체중의 10 % 이상은 경도 비만, 20 % 이상은 중등도 비만, 30 % 이상은 고도 비만으로 본다.
- 본격 지수에 의한 방법: 브로카법과 같이 (키−100)×0.9를 표준 체중으로 한다.
- 체지방에 기초를 둔 방법: 생체 내의 지방 조직량을 체밀도에서 추정하여 추정된 체지방량에 의해 비만의 정도를 나눈다.

10 최고 기온이 65도?

1 모범답안

$18\frac{1}{3}$ ℃

해설

$(65-32)\times\frac{5}{9}=33\times\frac{5}{9}=\frac{55}{3}=18\frac{1}{3}$ (℃)

예시답안

- 게임을 한다.
- 물놀이를 한다.
- 공포 영화를 본다.
- 적절한 운동을 한다.
- 실내 공기를 환기해 공기를 순환시킨다.

해설

불쾌지수란 기온과 습도 등의 기상 요소를 바탕으로 무더위에 대해 몸이 느끼는 불쾌한 정도를 나타낸 것이다. 보통 여름철 덥고 습한 날씨에 불쾌지수가 높아진다. 불쾌지수를 낮추는 방법으로는 실내 온도와 습도를 적절하게 유지하는 것이 좋다. 하지만 문제에서 온도나 습도를 조절하지 않는다는 조건이 있으므로, 다른 방법을 찾는다. 물놀이, 게임, 적절한 운동 등 적절한 신체 활동은 엔도르핀 분비량을 증가시키는 효과가 있어 기분을 좋게 만든다. 또한, 실내 공기를 환기해 무겁고 습한 공기를 바꾸면 불쾌지수를 낮추는 데 도움이 된다. 공포영화를 보면서 공포를 느끼면 교감신경이 흥분하여 인체를 보호한다. 교감신경이 흥분하면 근육이 수축하여 소름이 돋고, 모세 혈관이 수축하여 혈액 공급이 줄어들므로 피부 온도가 내려가서 서늘함을 느낀다.

11 테셀레이션의 아버지

모범답안

밀기

해설

물고기 모양과 새 모양이 같은 모양으로 반복되어 있다. 사용된 도형의 이동은 밀기이다.

예시답안

- 정오각형의 한 내각의 크기: 108°
- 정오각형으로 테셀레이션 작품을 만들 수 없다. 정오각형의 한 꼭짓점을 중심으로 모이는 각의 크기를 살펴보면 108°의 각이 3개 모여 108°×3=324°가 되므로 평면을 빈틈없이 채울 수 없다.

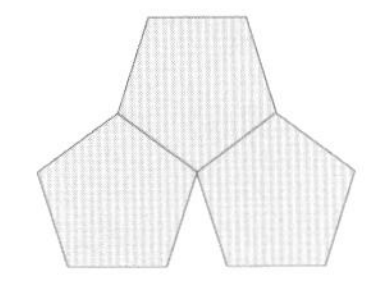

해설

- (정오각형의 내각의 크기의 합)
  =(삼각형 3개의 내각의 크기의 합)
  =180°×3=540°
  (정오각형의 한 내각의 크기)
  =540°÷5=108°
- 테셀레이션을 할 수 있는 정다각형은 정삼각형, 정사각형, 정육각형이다. 한 각의 크기가 60°인 정삼각형 6개, 90°인 정사각형 4개, 120°인 정육각형 3개가 각각 한 꼭짓점을 중심으로 모여 360°가 되므로 테셀레이션을 할 수 있다.

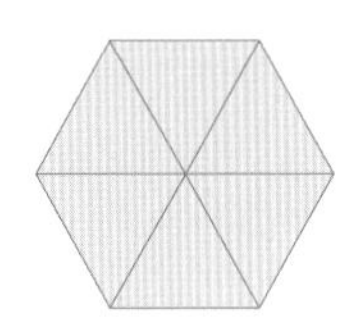
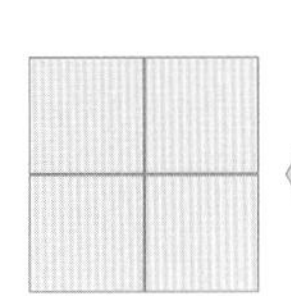
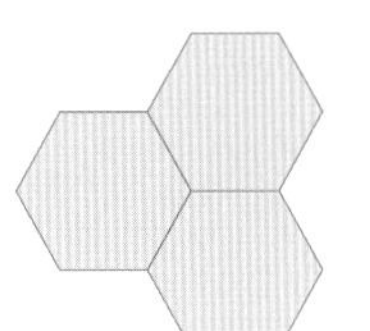

12 대칭의 마술

1 **모범답안**

접은 선을 기준으로 양쪽의 도형의 모양과 크기가 같으므로 대칭이다.

해설

데칼코마니는 선대칭도형 또는 선대칭 위치에 있는 도형을 만들 수 있다.

예시답안

- 선대칭도형: 나비의 날개, 얼굴, 사람의 몸, 나뭇잎, 별 모양, 하트 모양, 타지마할, 정삼각형, 정사각형, 정오각형, 정육각형, ㄷ, ㅁ, ㅂ, ㅇ, ㅌ, ㅍ, ㅎ, A, B, C, D, E, H, I, M, O, T, U, V, W, X, Y 등
- 점대칭도형: 공, 바퀴, 피자, 정사각형, 정육각형, ㄹ, ㅁ, ㅇ, ㅍ, 0, l, 8, H, I, O, X 등

해설

- 선대칭도형: 어떤 직선(대칭축)으로 접었을 때 완전히 겹쳐지는 도형
- 점대칭도형: 한 점을 중심으로 180° 돌렸을 때, 처음 도형과 완전히 포개어지는 도형

정답 및 해설

QR코드가 뭐지?

1 모범답안

- 주어진 사각형의 네 변의 길이가 같고, 네 내각의 크기가 90°이면 정사각형이다.
- 주어진 사각형의 대각선이 서로 수직으로 만나고 길이가 같으면 정사각형이다.

해설

정사각형은 네 변의 길이가 모두 같고 네 각이 모두 직각인 사각형이다. 또한, 정사각형은 두 대각선의 길이가 같고, 대각선이 서로 수직으로 만난다.

예시답안

- CD 케이스: 원 모양의 CD를 넣기 위해 정사각형으로 만든다.
- 바둑판: 어느 방향으로 앉아도 상관없도록 정사각형으로 만든다.
- 주사위: 모든 면이 나올 확률이 같아야 하므로 정사각형이 사용된 정육면체로 만든다.
- 색종이: 가운데를 중심으로 하여 대칭이 되도록 접을 수 있게 정사각형으로 만든다.

온도를 유지하는 보온병

1 예시답안

- 튼튼해야 한다.
- 보온이 잘 돼야 한다.
- 크기가 적당해야 한다.
- 가격이 적당해야 한다.
- 가지고 다니기 편해야 한다.
- 물을 담거나 마시기 쉬워야 한다.

예시답안

- 손으로 잡기 편하고, 가방에 넣기 적당한 모양이기 때문이다.
- 뚜껑을 만들거나 물을 따르고 담기 편리한 모양이기 때문이다.
- 원기둥 모양은 같은 부피일 때 겉넓이가 작으므로 만드는 데 재료가 적게 사용되고, 열을 덜 빼앗긴다.

해설

같은 부피일 때 겉넓이가 가장 작은 모양은 구 모양이다. 구 모양은 세우기 어렵고 사용하기가 불편하다. 원기둥 모양은 구 모양보다 같은 부피일 때 겉넓이가 크지만, 세우기 쉽고 사용하기가 편리하다. 직육면체로 보온병을 만든다면 보관하기는 편하다. 그러나 직육면체 모양은 같은 부피일 때 겉넓이가 넓어 만드는 데 재료가 많이 사용되고, 열도 많이 빼앗기므로 보온병의 핵심인 단열 효과가 낮다.

15 스마트폰을 골라 보자

1 예시답안

- 튼튼해야 한다.
- 성능이 좋아야 한다.
- 가격이 적당해야 한다.
- 배터리가 오래 가야 한다.
- 화면 크기가 적당해야 한다.
- 가로와 세로 화면 비율이 적당해야 한다.

예시답안

- (가), 가로로 넓어 화면을 가로로 돌리지 않아도 크게 확대해서 볼 수 있기 때문이다.
- (나), 세로가 길어 인터넷을 할 때 한 번에 많은 내용을 볼 수 있기 때문이다.
- (다), 화면의 가로와 세로의 길이 비율이 가장 적당하기 때문이다.
- (라), 가로로 넓어 화면 2개를 나란히 배열하여 사용할 때도 편리할 것 같기 때문이다.

해설

어느 주장이든 답이 될 수 있지만, 근거가 타당해야 한다.

16 쿠푸 왕의 피라미드

1 모범답안

5750000 t

해설

$2.5 \times 2300000 = 5750000$ (t)

평균 무게가 2.5 t인 돌 약 230만 개로 피라미드를 지었으므로 두 수를 곱하여 무게를 구할 수 있다. 사용된 돌의 수가 정확한 개수가 아니고 돌의 무게도 평균값이므로 계산한 무게와 실제 무게에 오차가 생길 수 있다.

예시답안

- 사용된 돌의 개수를 정확하게 알 수 없기 때문이다.
- 돌의 무게가 모두 같지 않고 평균값을 사용했기 때문이다.

정답 및 해설

17 화폐의 단위

1 모범답안

120달러

해설

156000÷1300=120 (달러)

나라마다 돈의 가치가 다르기 때문에 나라끼리 돈을 맞바꿀 때는 서로 얼마에 바꾸어야 할지 교환 비율을 정해 놓는다. 이러한 비율을 환율이라 하며, 고정되어 있는 것이 아니라 수시로 변한다.

2 예시답안

- 나라마다 자신들이 원하는 돈의 모양과 단위를 사용하기 위해서이다.
- 각 나라의 돈의 가치로 환율을 정해 거래가 형성되므로 같은 돈을 사용하여 거래가 편해지는 것보다 나라의 대외 가치를 올리기 위해서이다.

해설

모든 나라가 같은 돈을 사용하면 거래가 편해질 것 같지만 나라마다 대외 가치가 달라서 돈의 가치도 달라지므로 다른 형태의 환율제도가 생길 것이다. 또한, 모든 나라가 같은 화폐를 사용한다면 환전과 관련된 직업이 모두 사라질 것이다.

18 사고의 원인은?

1 모범답안

38.1 m

해설

125×30.48=3810 (cm)

이때 100 cm=1 m이므로

3810 cm=38.1 m이다.

2 예시답안

길이의 기준이 되는 물건은 쉽게 구할 수 있어야 하며 길이가 일정해야 한다. 신체 일부분이 이러한 조건을 만족하기 때문에 길이의 단위를 정하는 기준으로 사용되었다.

해설

- 큐빗: 고대 이집트에서 사용하던 단위로 가운뎃손가락 끝에서 팔꿈치까지의 길이
- 인치: 엄지손가락의 너비
- 야드: 코끝에서 팔을 뻗어 엄지손가락까지의 길이
- 자(尺): 손을 폈을 때 엄지손가락 끝에서 가운뎃손가락까지의 길이
- 보(步): 장년 남자의 보폭의 길이

19 1 kg의 정의

1 모범답안

60개

해설

1 t=1000 kg이므로 3 t=3000 kg이다.
즉, 3000÷50=60 (개)까지 실을 수 있다.

2 예시답안

- 나라 간의 무역이 어려울 것이다.
- 다른 나라 물체의 무게를 가늠하기 어려울 것이다.
- 정확한 무게를 확인하기 위해 많은 자료와 별도의 계산이 필요할 것이다.

해설

어떤 나라는 볼펜 하나를 1 kg으로 정의하고, 어떤 나라는 벽돌 하나를 1 kg으로 정의한다면 같은 물체라도 기준이 달라 무게를 나타내는 숫자가 달라지고, 무게를 나타내는 숫자가 같아도 무게를 가늠하기 어려울 것이다. 그래서 전 세계가 머리를 맞대고 기준이 되는 단위를 만들었고, 이를 국제단위계(SI)라 한다. 국제단위계(SI)는 과학, 기술, 상업 등 모든 분야에서 전 세계가 공통으로 사용할 수 있다.

20 우리 조상들의 단위

1 모범답안

164마리

해설

손=2마리, 두름=20마리, 축=20마리이다.
(고등어 2손)=2×2=4 (마리),
(청어 3두름)=3×20=60 (마리),
(오징어 5축)=5×20=100 (마리)
이므로 4+60+100=164 (마리)이다.

2 예시답안

- 개, 마리 등으로 나타내는 것이 편리하기 때문이다.
- 여러 가지 단위를 사용하게 되면 혼란을 줄 수 있기 때문이다.
- 세는 물건마다 다른 단위를 사용하면 여러 단위를 모두 알아야 하기 때문이다.

해설

조상들이 사용하던 단위는 특정 지역에서는 원활하게 거래를 할 수 있었지만 다른 나라와 거래할 때는 단위가 달라 문제가 됐다. 다른 나라와의 원활한 거래를 하기 위해서는 단위를 통일해야만 했다. 그래서 국제단위계(SI)가 만들어졌고, 과학, 기술, 상업 등 모든 분야에서 전 세계가 공통된 단위를 사용한다.

정답 및 해설

21 농구장의 넓이는?

1 모범답안

420 m^2

해설

직사각형의 넓이는 (가로)×(세로)로 구하므로
$28 \times 15 = 420$ (m^2)이다.

STEAM 2 예시답안

- 경기장은 선대칭도형이다.
- 전체 경기장은 직사각형 모양이다.
- 크기가 같은 원을 3개 찾을 수 있다.
- 농구 골대 밑에서 사다리꼴 모양을 찾을 수 있다.
- 사이드라인과 베이스라인, 사이드라인과 센터라인은 각각 수직이다.
- 위아래 사이드라인, 좌우 베이스라인, 센터라인과 베이스라인, 센터라인과 자유투라인은 각각 서로 평행하다.

22 우리나라의 넓이

1 예시답안

크기와 모양이 같은 사다리꼴을 하나 더 그려 붙이면 평행사변형이 된다.

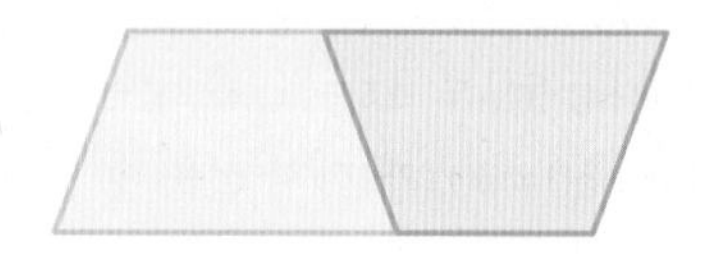

평행사변형의 넓이의 절반이 사다리꼴의 넓이가 되므로 평행사변형의 넓이를 구한 후 2로 나누어 사다리꼴의 넓이를 구할 수 있다.

해설

(평행사변형의 넓이)
=(밑변의 길이)×(높이)
={(사다리꼴의 아랫변)+(사다리꼴의 윗변)}×(높이)
(사다리꼴의 넓이)
={(사다리꼴의 아랫변)+(사다리꼴의 윗변)}×(높이)÷2

STEAM 2 예시답안

- 우리나라 해안선의 들어가고 나온 부분을 어림하여 사각형으로 만든 후 넓이를 계산한다.
- 지도를 모눈종이 위에 올려두고 지도가 모눈종이의 몇 칸에 해당하는지 세어 넓이를 구한다.
- 먼저 지도의 여백 부분을 직사각형으로 자른 후 (가로)×(세로)로 직사각형의 넓이를 구하고, 저울로 무게를 재어 1 g일 때의 넓이를 구한다. 우리나라 지도를 자른 후 무게를 재고 무게를 넓이로 변환한다.

23 세계 최초의 우량계

1 모범답안

(나)

용기의 입구와 밑면의 지름이 서로 같고 원통형 모양이므로 비가 내린 양에 따라 일정하게 물의 높이가 높아질 것이다.

해설

측우기는 그릇의 넓이가 달라도 일정 시간 동안 비가 고인 깊이가 일정하다는 점을 이용하여 강우량을 측정한다. 측우기는 빗물이 고이는 부분으로, 고인 빗물의 깊이를 재어 강우량을 측정한다. 측우대는 측우기를 일정한 높이로 올려놓기 위해 받치던 돌로, 바닥에 튄 빗물이 들어가 오차가 발생하지 않도록 한다. 빗물의 깊이를 재어 강우량을 측정하려면 빗물에 의해 물의 높이가 일정하게 높아져야 하므로 용기의 입구와 밑면의 지름이 같고 원통형 모양이어야 한다.

2 예시답안

- 비가 내린 시간을 측정해 비가 내린 양을 가늠했을 것이다.
- 불어난 강물의 양을 보고 비가 내린 양을 가늠했을 것이다.
- 땅을 파고 물이 스며든 정도를 보고 비가 내린 양을 가늠했을 것이다.

해설

측우기가 발명되기 이전까지 조선 시대에서는 주로 봄과 초여름의 농사철에 땅속에 스며든 빗물의 깊이를 자로 재어 강우량을 측정했다. 그러나 이 방법은 땅이 말랐을 때와 젖었을 때 빗물이 스며드는 깊이에 차이가 생기기 때문에 정확하지는 않았다.

24 시간의 가치

1 예시답안

벤자민 프랭클린은 손님이 가격을 깎으려고 여러 번 말하는 동안 소중한 시간을 낭비했다고 생각했기 때문이다.

해설

벤자민 프랭클린은 시간의 가치를 돈으로 환산했다. 손님이 책값을 깎아 달라는 말 한 마디를 하는 시간을 15센트씩 계산하여 책값에 더해서 말했다.

2 예시답안

- 시간이 짧게 느껴질 때
  - 게임을 할 때 시간이 짧게 느껴진다.
  - 친구들과 축구를 할 때 시간이 짧게 느껴진다.
  - 맛있는 음식을 먹을 때 시간이 짧게 느껴진다.
  - 책 읽기를 좋아하기 때문에 책을 읽을 때 시간이 짧게 느껴진다.
- 시간이 길게 느껴질 때
  - 학교에서 수업 시간이 길게 느껴진다.
  - 집에서 숙제하는 시간이 길게 느껴진다.
  - 오래달리기를 할 때 시간이 길게 느껴진다.

정답 및 해설

25 암호

1

모범답안

선생님은 완전 멋쟁이

해설

나열된 글자를 일정한 간격으로 잘라 배열해 본다.

선	생	님
은	완	전
멋	쟁	이

2

예시답안

수에사구업방람일시귀은까간뀐누요

해설

글자를 자르는 간격에 따라 여러 모양의 암호문이 나올 수 있다. 글자를 배열할 때는 일정한 간격으로 잘라 배열해야 한다.

수	업	시	간
에	방	귀	뀐
사	람	은	누
구	일	까	요

26 피보나치 수열

1

모범답안

5	1	6	7	13	20	33
1	8	9	17	26	43	69

해설

앞의 두 수의 합을 다음에 쓰는 규칙이 있다.

$5+1=6$, $1+6=7$, $6+7=13$, …

위 규칙에 따라 빈칸에 들어갈 수를 식으로 만들어 보면 다음 표와 같이 나타낼 수 있다.

5	1	6	7	13
1	●	1+●	●+1+●	1+●+●+1+●

20	33
●+1+●+1+●+●+1+●	69

1+●+●+1+●+●+1+●+1+●+●+1+●=69

●+●+●+●+●+●+●+●=64

●×8=64, ●=8

2

모범답안

앞의 두 수의 곱이 다음 수가 되는 규칙이다.

□$=32\times256=8192$

해설

피보나치곱 수열은 연속한 2개의 수의 곱이 다음 수가 되는 규칙이다. 또, 2를 곱한 횟수 규칙을 이용해 수열을 완성하면 다음과 같다.

$2=2$ → 1번, $4=2\times2$ → 2번,

$8=2\times2\times2$ → 3번, $32=2\times2\times2\times2\times2$ → 5번,

$256=2\times2\times2\times2\times2\times2\times2\times2$ → 8번

$8192=2\times2\times2\times2\times2\times2\times2\times2\times2\times2\times2\times2\times2$ → 13번

피보나치곱 수열 2, 2, 4, 8, 32, 256, □, …은 2를 곱한 횟수가 1, 1, 2, 3, 5, 8, 13, 21, …로 피보나치 수열을 이룬다.

27 파스칼의 삼각형

1 모범답안

모든 행의 양쪽 끝에 1을 쓰고 윗줄이 있는 두 수의 합을 다음 줄에 쓰는 규칙이다.

2 예시답안

- 모든 행의 양쪽 끝수는 모두 1이다.
- 두 번째 열의 수는 1씩 커지는 자연수이다. [그림 1]
- 모든 행의 양쪽 끝에 1을 쓰고 윗줄이 있는 두 수의 합을 다음 줄 바로 아래에 쓰는 규칙이다. [그림 1]
- 각 행의 모든 수의 합이 2배씩 커진다. [그림 2]
- 위에서 아래로 계속 더한 값은 아랫줄 바로 오른쪽에 놓인 수와 같다. [그림 3]
- 오른쪽 위에서 대각선 아래로 배열된 수들을 더한 값을 순서대로 배열하면 피보나치 수열과 같다. [그림 4]

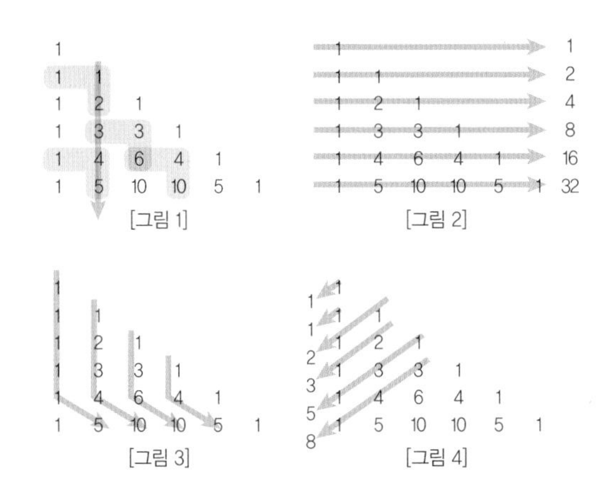

[그림 1] [그림 2] [그림 3] [그림 4]

28 바둑 게임

1 모범답안

10개

해설

표를 이용해 규칙을 찾는다. 검은 돌과 흰 돌의 개수 차는 1씩 커지는 규칙이 있고, 흰 돌과 검은 돌이 늘어나는 개수가 2, 3, 4, 5, … 인 규칙도 있다.
따라서 10번째 바둑돌을 놓을 때 필요한 검은 돌과 흰 돌의 개수 차는 10개이다.

구분	1번째	2번째	3번째	4번째	5번째
검은 돌	1	1	6	6	15
흰 돌	0	3	3	10	10
개수 차	1	2	3	4	5
구분	6번째	7번째	8번째	9번째	10번째
검은 돌	15	28	28	45	45
흰 돌	21	21	36	36	55
개수 차	6	7	8	9	10

2 예시답안

- 게임 이름: 바둑돌 끝 선 밟기
- 게임 방법
  ① 바둑돌을 튕길 순서를 정한다.
  ② 바둑판의 한쪽 끝 선에 바둑돌을 올려둔다.
  ③ 바둑돌이 반대편 끝 선을 밟을 수 있도록 바둑돌을 손가락으로 튕긴다.
  ④ 순서대로 바둑돌을 모두 튕긴 후, 바둑돌의 위치를 비교하여 승자를 정한다.

정답 및 해설

29 이우영 목장

1 모범답안

소의 수(마리)	5	6	7	8	9
다리의 수(개)	20	24	28	32	36

소가 1마리 증가할 때 다리의 수는 4개씩 증가한다.

해설

소는 1마리당 4개의 다리가 있으므로 소의 수가 1, 2, 3, 4, … 증가하면 다리의 수는 4, 8, 12, 16, …으로 증가한다. 이처럼 한쪽의 양이 커질 때 다른 쪽 양도 같은 비로 커지는 관계를 정비례 관계라 한다.

2 예시답안

- 사람 수와 손가락의 수
- 책상 수와 책상 다리의 수
- 자동차 수와 자동차 바퀴의 수
- 자전거 수와 자전거 바퀴의 수
- 가격이 일정한 과자의 수와 과자의 가격
- 원의 반지름과 원주

해설

한쪽의 양이 커질 때 다른 쪽 양도 같은 비로 커지는 정비례 관계인 예를 찾는다.

30 악수

1 모범답안

- 4명: 6번
- 5명: 10번
- 6명: 15번

해설

A, B, C, D, E, F의 사람이 있으면 다음과 같이 서로 악수한다.

- A, B, C, D의 4명: (A−B), (A−C), (A−D), (B−C), (B−D), (C−D) → 6번
- A, B, C, D, E의 5명: (A−B), (A−C), (A−D), (A−E), (B−C), (B−D), (B−E), (C−D), (C−E), (D−E) → 10번
- A, B, C, D, E, F의 6명: (A−B), (A−C), (A−D), (A−E), (A−F), (B−C), (B−D), (B−E), (B−F), (C−D), (C−E), (C−F), (D−E), (D−F), (E−F) → 15번

2 모범답안

악수하는 사람 수가 2, 3, 4, 5, 6, …으로 증가할수록 악수하는 횟수는 1, 3, 6, 10, 15, …로 증가한다. 악수하는 횟수는 앞의 수보다 2, 3, 4, 5, …로 증가하는 규칙이 있다.

해설

사람 수에 따른 악수하는 횟수는 다음과 같은 규칙이 있다.

- 2명: 1번, $1=1$
- 3명: 3번, $3=1+2$
- 4명: 6번, $6=1+2+3$
- 5명: 10번, $10=1+2+3+4$
- 6명: 15번, $15=1+2+3+4+5$

31 모스부호

1 모범답안

1	•－－－－	6	－••••
2	••－－－	7	－－•••
3	•••－－	8	－－－••
4	••••－	9	－－－－•
5	•••••	10	－－－－－

STEAM 2 모범답안

32개

해설

사용할 수 있는 모스부호는 다섯 자리이고, 자리마다 들어갈 수 있는 부호의 종류는 2가지씩이므로 $2\times2\times2\times2\times2=32$ (개)의 문자나 기호를 표현할 수 있다.

모스부호로 알파벳을 표현할 때 1개의 부호를 사용하는 경우(E: •)부터 4개의 부호를 사용하는 경우(B: －•••)까지 다양하다. 모두 같은 개수의 부호를 사용하지는 않는다.

32 연산기호

1 모범답안

$7¤8=71$, $10¤3=43$

해설

$4¤2=4\times2+4+2=14$

$2¤2=2\times2+2+2=8$

$3¤7=3\times7+3+7=31$

$5¤6=5\times6+5+6=41$

이므로 A¤B는 $A\times B+A+B$로 계산한다.

$7¤8=7\times8+7+8=71$

$10¤3=10\times3+10+3=43$

STEAM 2 모범답안

$7\otimes6=44$, $12\otimes4=148$

해설

$7\otimes6=(7\times7-6)+(7-6)=43+1=44$

$12\otimes4=(12\times12-4)+(12-4)=140+8=148$

정답 및 해설

33 다트

1 모범답안

4가지

(정우의 점수)=3+6+3=12 (점)

(예슬이의 점수)=6+6+□=12+□(점)

예슬이가 이기는 경우는 12+□가 12보다 큰 수이어야 하므로 □에 1, 3, 6, 10이 들어가면 이기게 된다.

해설

정우의 총점과 예슬이의 2회까지의 총점이 같으므로 예슬이가 1, 3, 6, 10 중 어떤 점수를 얻더라도 예슬이가 이긴다.

2 모범답안

7배

해설

각 원의 반지름이 일정한 길이로 커지므로 점수별 넓이를 비교하여 구할 수 있다.

10점을 얻을 수 있는 원의 반지름을 □라 하면 1점을 얻을 수 있는 원의 반지름은 □×4이고, 3점을 얻을 수 있는 원의 반지름은 □×3이다.

(10점을 얻을 수 있는 부분의 넓이)

=(반지름이 □인 원의 넓이)=□×□×(원주율)

(1점을 얻을 수 있는 부분의 넓이)

=(반지름이 □×4인 원의 넓이)

-(반지름이 □×3인 원의 넓이)

={(□×4)×(□×4)×(원주율)}

-{(□×3)×(□×3)×(원주율)}

={16×□×□×(원주율)}-{9×□×□×(원주율)}

=7×□×□×(원주율)

1점을 이루는 원의 넓이는 10점을 이루는 원의 넓이의 7배이므로 10점을 얻는 것이 7배 더 어렵다.

34 순서를 정해보자

1 모범답안

24가지

해설

- 첫 번째 주자가 될 수 있는 학생 수: 4명
- 두 번째 주자가 될 수 있는 학생 수: 3명
- 세 번째 주자가 될 수 있는 학생 수: 2명
- 네 번째 주자가 될 수 있는 학생 수: 1명

따라서 4명이 이어달리기 하는 순서를 정하는 모든 경우의 수는 4×3×2×1=24 (가지)이다.

두 사건 A, B에서 A가 일어나는 경우의 수 □가지의 각각에 대하여 B가 일어나는 경우의 수가 △가지이면 A와 B가 동시에 일어나는 경우의 수는 □×△ (가지)이다. 이들 법칙은 셋 이상인 사건에서도 성립한다.

2 예시답안

- 순서: 정민지-한가희-이우영-김주영
- 이유: 마지막 주자는 역전을 하거나 역전당하지 않아야 하므로 제일 빠르고 열정적인 김주영이어야 한다. 첫 번째 주자는 처음부터 뒤처지면 나머지 주자들이 긴장과 책임감 때문에 더 힘들어 할 수 있으므로 두 번째로 빠르고 출발이 빠른 정민지이어야 한다. 두 번째 주자는 네 번째로 빠른 한가희가 달리고, 세 번째 주자는 세 번째로 빠른 이우영이 달리면서 점점 따라잡고 앞서 나가면 된다.

해설

어느 주장이든 답이 될 수 있지만, 근거가 타당해야 한다.

35 발광 노수호 선생

1 예시답안

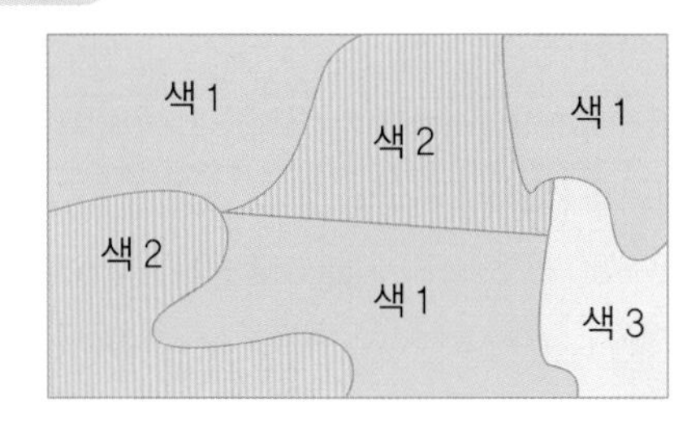

해설

6개의 영역 중 한 영역에 색 1을 넣고 이웃한 영역에 색 2를 칠하는 방식으로 색을 채워 넣으면 최소 3가지의 색으로 모든 영역을 칠할 수 있다. 색 1~3으로 구분한 곳에 서로 겹치지 않은 색으로 색을 칠한다.

2 모범답안

108가지

해설

- A에 칠할 수 있는 색의 가짓수: 4
- B에 칠할 수 있는 색의 가짓수: 3 (A에 칠한 색 제외)
- C에 칠할 수 있는 색의 가짓수: 3 (B에 칠한 색 제외)
- D에 칠할 수 있는 색의 가짓수: 3 (C에 칠한 색 제외)

따라서 색을 칠할 수 있는 방법은
$4\times3\times3\times3=108$ (가지)이다.

36 여행 계획 세우기

1 모범답안

8가지

해설

서울에서 부산까지 가는 방법은 모두 4가지, 부산에서 제주도까지 가는 방법은 모두 2가지이다.
서울에서 부산을 거쳐 제주도로 가는 방법은
(①－㉠), (①－㉡), (②－㉠), (②－㉡), (③－㉠), (③－㉡), (④－㉠), (④－㉡)으로 모두 8가지이다.
또는 서울에서 부산까지 가는 방법은 모두 4가지, 부산에서 제주도까지 가는 방법은 모두 2가지이므로 $4\times2=8$ (가지)로 구할 수도 있다.

2 예시답안

- 여행 기간
- 꼭 들러야 할 장소
- 여행동안 묶을 숙소
- 여행에 필요한 비용
- 이동하는 경로 및 이동 방법(교통편)

정답 및 해설

37 주사위의 신

1 모범답안

- 주사위 1개를 던져서 나올 수 있는 모든 경우의 수
  → 6가지
- 주사위 1개를 던져서 짝수가 나오는 경우의 수
  → 3가지

해설

주사위 1개를 던지면 1, 2, 3, 4, 5, 6의 눈이 나올 수 있으므로 모든 경우의 수는 6가지이다. 또한, 짝수는 2, 4, 6이므로 짝수가 나오는 경우의 수는 3가지이다.

2 모범답안

모든 경우의 수가 6가지이고, 짝수가 나올 경우의 수가 3가지이므로 $\frac{3}{6}=\frac{1}{2}$이다.

해설

확률이란 하나의 사건이 일어날 수 있는 가능성을 수로 나타낸 것으로, 일정한 조건에서 특정한 결과가 나오는 비율을 뜻한다. 확률은 통계적 확률과 수학적 확률이 있다. 예를 들어 일정한 조건에서 만들어지는 제품 100개 중에서 평균 3개의 불량품이 나온다면 이 작업에서 불량품을 생산하는 확률은 $\frac{3}{100}$이다. 이러한 것을 통계적 확률이라 한다. 수학적 확률은 원인과 결과가 명백한 경우에 구할 수 있는 확률로, 주사위를 던졌을 때 특정한 면이 나타나는 확률이 $\frac{1}{6}$인 것 등이 있다.

38 우등생은 누구?

1 모범답안

(지승이의 성적의 평균)
$=(95+35+98+86)\div4=314\div4=78.5$ (점)
(도현이의 성적의 평균)
$=(78+80+78+78)\div4=314\div4=78.5$ (점)

해설

자료의 전체의 합을 자료의 개수로 나눈 값을 평균이라 한다.

2 예시답안

- 지승, 최고 점수가 더 높기 때문이다.
- 도현, 모든 과목의 점수가 평균에 가깝고, 고르기 때문이다.

해설

두 사람의 성적의 평균이 같으므로 평균만으로는 우등생을 정할 수 없다. 어느 주장이든 답이 될 수 있지만, 근거가 타당해야 한다.

39 평균

1 모범답안

40회

해설

(일주일 동안 물을 마신 횟수의 합계)

$=27+53+40+36+39+50+35=280$ (회)

(일주일 동안 물을 마신 횟수의 평균)

$=280\div 7=40$ (회)

STEAM 2 모범답안

경욱, 태경, 지성, 지승

해설

일주일 동안 물을 마신 횟수가 평균인 40회보다 작기 때문이다.

40 패배의 원인은?

1 모범답안

수심 10 cm와 270 cm의 평균 수심도 $\frac{10+270}{2}=140$ (cm)이다. 평균 수심이 140 cm인 강에는 165 cm보다 더 깊은 곳이 있을 수 있기 때문이다.

해설

평균은 대푯값의 하나로 실제 값과 차이가 날 수 있다.

STEAM 2 예시답안

- 남학생과 여학생의 평균 키를 비교한다.
- 설문 조사의 결과를 구하기 위해 평균을 구한다.
- 연 평균 기온을 확인하여 기후 변화를 예측한다.
- 사람들이 많이 모여 있는 곳에서 평균 연령을 구한다.
- 여러 명의 성적을 비교하기 위해 평균 점수를 계산한다.

정답 및 해설

41 나무도 잠을 잔다?

1 모범답안

0.02

해설

5 m=500 cm이므로 $\frac{10}{500}=\frac{2}{100}=0.02$이다.

비율은 기준량에 대한 비교하는 양의 크기이다. 즉, $(\text{비율})=\frac{(\text{비교하는 양})}{(\text{기준량})}$이다. 예를 들어, 7 : 10에서 7은 비교하는 양, 10은 기준량이다.

7 : 10 ➡ 7대 10

➡ 7과 10의 비, 7의 10에 대한 비, 10에 대한 7의 비

2 모범답안

밤에는 광합성을 하지 않으므로 세포의 압력이 낮아져 가지가 늘어지기 때문이다.

해설

실제로 밤이 되면 나무 세포 내 수분의 양이 줄어 잎줄기 물이 빠지기 때문에 나무나 가지가 늘어진다. 나무의 잎과 줄기의 위치가 변하는 것은 세포 안의 수분 손실과 관련 있다. 저녁이 되면 빛이 없어져 광합성을 하기 때문에 잎줄기 물이 빠져 팽압(膨壓)이 낮아진다. 따라서 나무의 잎이나 가지가 점점 아래로 내려간다.

42 꿈의 음속 열차

1 모범답안

약 625 km

해설

미국의 로스앤젤레스에서 샌프란시스코까지의 거리를 □km라 하자. 서울에서 부산까지 약 400 km의 거리를 가는 데 16분이 걸리고, 로스앤젤레스에서 샌프란시스코까지 가는 데 25분이 걸리므로 비례식을 세우면 400 : 16=□ : 25이다.

즉, 16×□=25×400이므로 □=625이다.

따라서 미국의 로스엔젤레스에서 샌프란시스코까지의 거리는 625 km이다.

2 모범답안

터널 속의 공기를 빼고 자기부상열차의 원리를 이용해 레일 위에 떠서 이동하므로 공기 저항 및 레일과 열차 사이의 마찰이 줄어들었기 때문이다.

해설

하이퍼루프는 기본적으로 진공에 가까운 튜브에서 차량을 살짝 띄워서 공기 저항과 레일과의 마찰을 줄이는 방식을 이용한다. 이를 실현하기 위한 아이디어는 크게 2가지가 있다. 하나는 진공 자기부상열차 기술이다. 튜브 속을 거의 진공에 가까운 상태로 유지하고, 자기력으로만 움직이도록 한다. 또 다른 하나는 강한 공기압으로 차량을 밀어내 달리도록 하는 방법이다. 그러나 진공 자기부상열차 기술은 튜브 속을 진공 상태로 유지하기 어렵고, 공기압 기술은 공기 저항이 많이 발생한다.

43 루빅스 큐브

모범답안

- 페인트가 칠해진 면이 3개인 정육면체: 8개
- 페인트가 칠해진 면이 2개인 정육면체: 12개
- 페인트가 칠해진 면이 1개인 정육면체: 6개

해설

페인트가 칠해진 면이 3개인 면의 개수는 정육면체의 꼭짓점의 개수와 같고, 페인트가 칠해진 면이 2개인 면의 개수는 정육면체의 모서리의 개수와 같으며, 페인트가 칠해진 면이 1개인 면의 개수는 정육면체의 면의 개수와 같다.

면 모서리 꼭짓점

예시답안

- 한 면이 정삼각형인 정사면체
- 한 면이 정삼각형인 정팔면체
- 한 면이 정오각형인 정십이면체
- 한 면이 정삼각형인 정이십면체
- 이유: 정다면체를 이루려면 한 면이 정삼각형, 정사각형, 정오각형만 가능하기 때문이다.

해설

정삼각형이 6개가 모이면 360°가 되어 평면이 되므로 정삼각형 3개, 4개, 5개가 모여 입체도형이 될 수 있다. 정사각형이 4개가 모이면 360°가 되어 평면이 되므로 정사각형 3개가 모여 입체도형이 될 수 있다. 정오각형은 4개가 모이면 360°가 넘고, 3개가 모이면 324°이므로 정오각형 3개가 모여 입체도형이 될 수 있다. 정육각형은 3개만 모여도 360°가 되어 평면이 되므로 정육각형 이상의 도형은 3개 이상이 모여 입체도형이 될 수 없다.

44 대칭 수

1

모범답안

팰린드롬 수가 될 수 있는 다섯 자리 수는 □△○△□의 모양이어야 한다.
□에 들어갈 수 있는 숫자는 1~9의 9개,
△에 들어갈 수 있는 숫자는 0~9의 10개,
○에 들어갈 수 있는 숫자는 0~9의 10개이다.
따라서 다섯 자리의 팰린드롬 수가 되는 수의 개수는 $9\times10\times10=900$ (개)이다.

예시답안

- 다들 잠들다
- 다리 저리다
- 다 이쁜이다
- 가져가라 가져가
- 다 같은 것은 같다
- 여보 안경 안 보여
- 야 이번 주 너 주번이야
- 여보게 저기 저게 보여
- 다 된 장국 청국장 된다

정답 및 해설

기수법

예시답안

- 카드 번호
- 자동차 번호
- 전화번호 뒷자리
- 은행 계좌 비밀번호

예시답안

• 과 −로 숫자를 표시한다. •은 1, −는 4를 의미하며 4의 배수는 −의 개수로 나타낸다.

1	2	3	4
•	• •	• • •	−
5	6	7	8
− •	− • •	− • • •	=
9	10	11	12
= •	= • •	= • • •	≡
13	14	15	16
≡ •	≡ • •	≡ • • •	≣

테트리스

1 **모범답안**

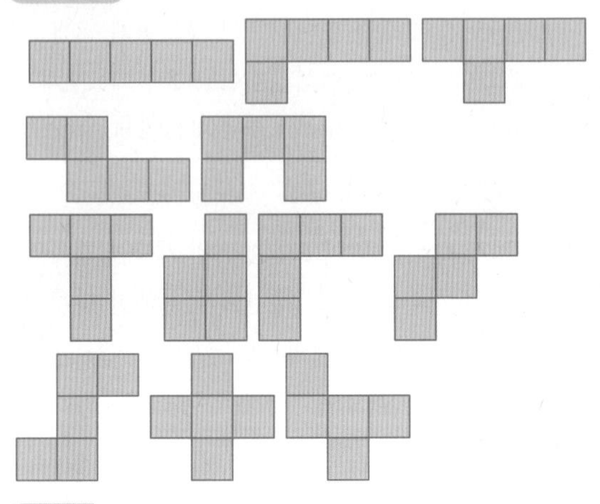

해설

테트리미노 모양 5가지에서 한 모양마다 정사각형 1개를 어느 위치에 놓느냐에 따라 모양이 변한다. 따라서 순서대로 만들 수 있는 것을 찾고 뒤집거나 돌려서 같은 도형이 나오면 빼고 새로운 모양은 추가하여 총 12가지를 찾을 수 있다.

예시답안

- 게임 제목: 바둑판 땅따먹기
- 게임 방법
  ① 바둑판의 가장 작은 정사각형 1개와 크기가 같은 정사각형 5개를 이용해 만들 수 있는 모든 펜토미노를 만든다.
  ② 가위바위보로 순서를 정한 후 순서대로 바둑판에 펜토미노를 놓는다.
  ③ 바둑판에 더이상 펜토미노를 놓을 수 없게 되면 진다.

해설

펜토미노를 이용해 할 수 있는 게임을 만든다. 게임을 만들 때 공정한 게임인지, 쉽게 여러 사람이 할 수 있는 게임인지 고려해 만들어야 한다.

47 수학적인 대통령

1

모범답안

2명

해설

29명의 상위 10 %는 29×0.1=2.9 (명)이기 때문이다. 일반적으로 통계에서 생명체는 내림을 한다. 소수점 이하 숫자는 하나의 개체로 보기 힘들기 때문이다. 29명 중 상위 10 % 미만은 성적이 좋은 순서대로 10 % 이내의 학생들이므로 2명만 해당된다.

2

예시답안

- 정확한 계산 결과가 필요한 수학 문제에서는 반올림을 사용할 수 없다. (단, 조건이 주어졌을 때에는 반올림을 한다.)
- 통계 결과를 반올림하여 나타내면 실제 결과와 다른 자료가 만들어질 수 있다.
- 물건값을 계산할 때 물건값을 반올림하여 계산하면 물건값이 원래 값과 달라진다.
- 성적 등급을 계산할 때 반올림하여 계산하면 등급에 해당하는 인원수가 달라진다.

해설

통계 결과를 반올림할 때도 원하는 결과를 얻을 수 있으면 반올림을 하지만 그렇지 않으면 반올림을 하지 않는다. 또한, 물건값을 계산할 때 물건값을 반올림하면 원래보다 비싸질 수도 있고 싸질 수도 있다. 원래보다 싸지는 경우에는 반올림을 하지 않고 판매하는 경우가 많다.

48 암행어사의 유척

1

모범답안

1.722 m

해설

유척에서 가장 긴 길이는 246 mm이다. 따라서 유척 7개를 연결한 최대 길이는 246×7=1722 (mm)이고 1000 mm=100 cm=1 m이므로 1.722 m이다.

2

예시답안

세금 걷는 도구가 나라에서 정한 기준에 맞는지 측정하는 도구이므로 유척의 길이가 실제보다 길면 세금 걷는 통의 크기가 실제보다 작게 측정되므로 더 많은 세금이 걷힐 것이고, 유척의 길이가 실제보다 짧으면 세금 걷는 통의 크기가 실제보다 크게 측정되므로 더 적은 세금이 걷힐 것이다.

해설

유척은 세금을 거둬들이는 기준이 되는 자이기 때문에 유척의 길이가 일정하지 않으면 유척을 기준으로 만든 자의 간격이나 세금을 걷는 통의 부피가 일정하지 않을 것이다. 관리들은 이를 이용하여 눈금 조작을 해 쉽게 부정을 저지를 수 있었다. 그래서 오늘날에도 길이 단위의 정확성을 유지하기 위해 노력하고 있다.

정답 및 해설

지식 창고, 도서관

1

모범답안

34주 후

해설

우영이는 매주 2.5권의 책을 읽고 지영이는 매주 2권의 책을 읽으므로 2주 후에는 우영이는 5권, 지영이는 4권의 책을 읽게 된다. 2주가 지나면 우영이와 지영이가 읽은 책의 권수의 차는 1권씩 줄어든다. 현재 우영이와 지영이가 읽은 책의 권수의 차는 17권이므로 34주 후에는 그 수가 같아진다. 따라서 34주 후가 지나고나서 부터 우영이가 읽은 책이 더 많아진다. 두 사람이 읽은 책의 권수를 주별로 나열해 표로 나타내어 보면 차는 일정한 규칙으로 줄어든다.

구분	현재	1주 후	2주 후	3주 후	4주 후
우영이가 읽은 책(권)	3	5.5	8	10.5	13
지영이가 읽은 책(권)	20	22	24	26	28
차(권)	17	16.5	16	15.5	15
구분	5주 후	6주 후	…	34주 후	35주 후
우영이가 읽은 책(권)	15.5	18	…	88	90.5
지영이가 읽은 책(권)	30	32		88	90
차(권)	14.5	14	…	0	0.5

예시답안

- 독서하는 습관이 들지 않았기 때문이다.
- 독서의 필요성을 느끼지 못하기 때문이다.
- 공부 또는 일을 하느라 독서할 시간이 없기 때문이다.
- 과거에는 책이 아니면 정보를 얻을 수 없었지만 지금은 스마트폰이나 인터넷을 통해 바로 정보를 찾을 수 있기 때문이다.

풍력발전기의 날개 수

1

모범답안

120°

해설

360°÷3=120°

3개의 날개가 원을 이루는 각도인 360°를 균형 있게 나누기 위해서는 사이각이 각각 120°가 되어야 한다.

예시답안

- 장점: 바람을 맞는 면적이 늘어나 더 많은 전기를 생산할 수 있다.
- 단점
  - 바람이 불면 쉽게 쓰러질 것이다.
  - 날개가 늘어난 만큼 만드는 데 많은 비용이 들 것이다.
  - 무거워지므로 날개를 돌리는 데 센 바람이 필요할 것이다.
- 풍력발전기의 날개가 3개인 이유: 날개의 개수가 늘어나면 무거워지기 때문에 풍력발전기를 돌리는 데 더 센 바람이 필요하고 발전기를 더 튼튼하게 지어야 한다. 장점과 단점을 따져보았을 때 날개의 개수를 3개로 했을 때 가장 효율적이다.

해설

풍력발전기의 날개의 개수가 늘어나면 무게가 증가하므로 날개가 3개일 때보다 비효율적이다. 선풍기 모양의 풍력발전기 외에 회전축이 세로인 풍력발전기도 있다.

영재성검사 창의적 문제해결력

기출문제

정답 및 해설

정답 및 해설

1 모범답안

(1) (가): $2\times2=4$ (cm^2)

(나): $\frac{1}{2}\times2\times(2\times0.87)=1.74$ (cm^2)

(다): (나)의 넓이$\times6=1.74\times6=10.44$ (cm^2)

(라): (나)의 넓이$\times2=1.74\times2=3.48$ (cm^2)

(마): (라)의 넓이$\times\frac{1}{2}=3.48\times\frac{1}{2}=1.74$ (cm^2)

(2) ① (가)+(나)×10

② (가)+(나)×4+(다)

③ (가)+(나)×3+(다)+(마)

④ (가)+(나)×2+(다)+(라)

⑤ (가)+(나)×2+(다)+(마)×2

⑥ (가)+(나)+(다)+(라)+(마)

⑦ (가)+(다)+(라)×2

⑧ (가)+(다)+(라)+(마)×2

⑨ (가)+(다)+(마)×4

⑩ (가)+(나)×8+(라)

⑪ (가)+(나)×6+(라)×2

⑫ (가)+(나)×4+(라)×3

⑬ (가)+(나)×2+(라)×4

⑭ (가)+(라)×5

해설

(2) (다), (라), (마)의 넓이는 모두 (나)의 넓이를 사용해서 나타낼 수 있다. 넓이의 합이 21.4 cm^{2}이고 (나)의 넓이가 1.74 cm^{2}이므로 소수 둘째 자리의 수가 0이 되려면 (나)가 5개 또는 10개 있어야 한다.

(나)를 5개 사용한 경우:

$21.4-1.74\times5=12.7$ (cm^2),

(나)를 10개 사용한 경우:

$21.4-1.74\times10=4$ (cm^2)

이므로 4 cm^{2}는 (가)를 사용하여 나타낸다.

따라서 (가)는 1개를 사용하고 나머지는 (나)가 10개가 되도록 (다), (라), (마)를 사용하여 식을 세운다.

2 모범답안

25개

해설

1번 방부터 순서대로 선택하면 다음과 같이 방을 묶을 수 있다.

(1, 2, 4, 8, 16, 32): 6개로 묶인 방－1개

(3, 6, 12, 24, 48): 5개로 묶인 방－1개

(5, 10, 20, 40): 4개로 묶인 방－1개

(7, 14, 28) (9, 18, 36) (11, 22, 44):

3개로 묶인 방－3개

(13, 26) (15, 30) (17, 34) (19, 38) (21, 42)

(23, 46): 2개로 묶인 방－6개

25, 27, 29, 31, 33, 35, 37, 39, 41, 43, 45, 47, 49: 1개인 방－13개

따라서 총 25개의 방으로 묶이게 된다.

3 모범답안

- 칼=금화 5개
- 방패=칼 2자루+금화 3개
  =금화 (5×2)개+금화 3개
  =금화 13개
- 갑옷=방패 2개+금화 4개
  =금화 (13×2)개+금화 4개
  =금화 30개
- 말=칼 1자루+방패 3개+갑옷 2벌
  =금화 5개+금화 (13×3)개+금화 (30×2)개
  =금화 5개+금화 39개+금화 60개
  =금화 104 개

따라서 4가지 장비를 모두 사기 위해서 필요한 금화의 개수는 5+13+30+104=152 (개)이다.

4

모범답안

〈가〉 □×10, 〈나〉 15, 〈다〉 없음

해설

10, 20, 30의 수를 포함하므로 〈가〉는 □×10이다.
〈나〉는 3의 배수이면서 5의 배수이고, 30을 제외한 수이므로 15이다.
〈다〉는 1~30까지의 수에서 10의 배수이면서 10, 20, 30을 제외한 수이므로 해당 수는 없다.

5

모범답안

$\frac{1}{2}+\frac{2}{3}\times\frac{3}{4}-\frac{4}{5}\div\frac{5}{6}$

$=\frac{1}{2}+\frac{1}{2}-\frac{24}{25}$

$=1-\frac{24}{25}=\frac{1}{25}$

해설

주어진 분수는 크기가 작은 수부터 나열되어 있으므로 연달아 있는 두 수씩 짝을 지어 곱하거나 나눴을 때 가장 큰 수가 되는 것을 찾은 후 앞에 뺄셈 기호를 넣는다. 그리고 나서 계산 결과가 가장 작은 수가 되도록 나머지 두 개의 기호를 넣어 식을 완성한다. 확실하지 않을 경우 몇 가지 식의 값을 비교해 보면 정확한 판단을 할 수 있다.

6

예시답안

리듬악보	분수의 덧셈식
$\frac{6}{8}$	$\frac{1}{2}+\frac{1}{4}=\frac{6}{8}$
$\frac{6}{8}$	$\frac{1}{2}+\frac{1}{8}+\frac{1}{8}=\frac{6}{8}$
$\frac{6}{8}$	$\frac{1}{8}+\frac{1}{16}+\frac{1}{16}+\frac{1}{2}=\frac{6}{8}$
$\frac{6}{8}$	$\frac{1}{4}+\frac{1}{4}+\frac{1}{4}=\frac{6}{8}$
$\frac{6}{8}$	$\frac{1}{4}+\frac{1}{8}+\frac{1}{16}+\frac{1}{16}+\frac{1}{4}=\frac{6}{8}$

해설

$\frac{6}{8}$을 단위분수로 나타낼 수 있는 방법을 찾는다. 같은 분수나 같은 음표, 쉼표를 중복해서 사용하기보다는 다양한 조합으로 악보를 만들도록 한다.

7

모범답안

규칙: 삼각형의 한 변에 놓인 수들의 합이 삼각형 안의 수가 된다.

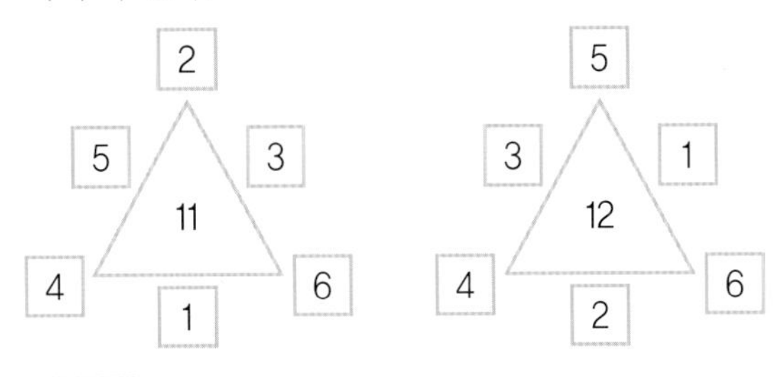

해설

1부터 6까지의 수의 합은 21이고, 각각의 삼각형의 세 변에 놓인 수의 합은 각각 33과 36이다.
주어진 수를 이용해 33−21, 36−21의 값을 만들 수 있는 3개의 수를 찾아 삼각형의 각 꼭짓점에 올 수 있도록 한 후, 삼각형의 한 변에 놓인 수들의 합을 이용하여 나머지 수를 구한다.

정답 및 해설

8 예시답안

(1) 식탁에 국그릇을 올리면 국그릇 아랫부분에 있는 공기가 밀폐되어 국으로부터 열이 전달되면서 공기의 온도가 올라가 공기의 부피가 증가한다. 이때 그릇 한쪽이 살짝 들어 올려지면서 공기가 빠져나가 반작용으로 그릇이 반대쪽으로 이동한다.

(2) ① 열기구 풍선 속 공기를 가열하면 열기구가 떠오르는 현상
② 전자레인지에 삶은 달걀을 넣고 돌리면 달걀이 깨지는 현상
③ 찌그러진 탁구공을 끓는 물에 넣으면 찌그러진 부분이 펴지는 현상
④ 여름철 야외에 주차한 차 안에 넣어 놓은 과자 봉지가 터지는 현상
⑤ 여름철에는 자동차 타이어 안에 있는 공기를 겨울철보다 적게 넣고 운행하는 현상

해설

빈 공간으로 되어 있는 국그릇의 아랫부분은 식탁에 의해 밀폐된다. 이때 뜨거운 국의 열이 빈 공간에 전달되어 공기의 온도가 높아지면, 공기의 부피가 증가하여 그릇의 약한 부분이 살짝 들어올려지고 공기가 빠져나간다. 공기가 빠져나가면서 반작용으로 그릇이 움직인다. 공기가 어느 정도 빠져나가면 그릇은 움직임을 멈추고 다시 그릇 아랫부분이 밀폐된다. 최근에는 그릇이 움직이지 않게 하기 위해 그릇 아랫부분에 홈을 만들어 공기가 밀폐되지 않도록 하는 그릇이 개발되었다.

9 모범답안

(1) 음압실: 전실, 채취실
양압실: 검사실, 의료인 대기실

(2) 외부에서 유입된 공기는 냉난방 장치를 거친 후 객실의 위에서 아래로 내려와 밖으로 빠져나가므로 객실 내부에서 공기가 서로 섞이지 않기 때문이다.

해설

(1) 음압실은 공급되는 공기의 양보다 빼내는 공기의 양이 많아 출입문이 열려 있을 때 밖의 공기는 들어오지만 안의 공기는 밖으로 나가지 못하게 한다. 환자의 호흡 등으로 배출된 병원균과 바이러스가 섞인 공기는 천장의 정화 시설로 이동하여 외부 유출을 막는다. 양압실은 빼내는 공기의 양보다 공급되는 공기의 양이 많아 출입문이 열려 있을 때 안의 공기가 밖으로 나가지만 밖의 공기는 안으로 들어오지 못한다.

(2) 비행기 안에서는 공기가 각 열의 천장에서 바닥으로, 앞에서 뒤로 흐르므로 앞좌석과 뒷자석 사이에 에어커튼이 만들어져 공기 흐름이 차단된다. 또한, 2~3분마다 환기가 이루어지고 필터가 각종 입자를 99% 걸러주기 때문에 바이러스가 잘 퍼지지 않는다.

10

모범답안

(1) 바람이 불면 바람이 사람의 피부에서 열을 빼앗아 체온이 떨어지기 때문이다.

(2) 데워진 공기가 헐렁한 옷의 윗부분으로 빠져나가면 외부의 공기가 아래의 터진 부분으로 들어오고 몸 주위로 바람이 불면서 땀을 증발시켜 시원함 느낄 수 있기 때문이다.

해설

(1) 겨울철에는 온도가 같더라도 바람이 세게 불면 더 춥게 느껴진다. 보통 영하의 기온에서 바람이 초속 1 m 빨라지면 체감온도는 2 ℃ 정도 떨어진다.

(2) 사막에 사는 종족들은 보통 하얀 옷을 입지만 검은 옷을 입는 종족도 있다. 시나이 사막에 사는 베드윈족은 검은 천으로 된 헐렁한 옷을 입고 산다. 베드윈족은 검은 옷을 입어 땀이 빨리 마르게 한다. 수분이 증발하면서 열을 빼앗아 가면 더 상쾌하게 느껴지기 때문이다. 검은 옷을 입으면 흰 옷을 입을 때 비하여 옷 안의 온도가 6 ℃ 정도 더 높아진다. 이렇게 데워진 공기는 상승해 헐렁한 옷의 윗부분으로 빠져나가고 외부의 공기가 아래의 터진 곳으로 들어오기 때문에 몸 주위로 언제나 바람이 불게 된다. 바람이 분다고 해서 기온이 내려가는 것이 아니고 땀의 증발이 활발해지기 때문에 그 기화열로 인해서 시원하게 느끼는 것이다. 바람이 부는 날 체감온도가 낮아져서 실제 기온보다 더 춥게 느껴지는 것과 같다.

11

예시답안

(1) [적합한 용도]
(가) 부침 요리 (나) 튀김 요리
[그렇게 생각한 이유]
(가)는 면이 넓어 빈대떡 등을 부치기 편리하고, (나)는 깊이가 깊어 끓는 기름에 음식을 튀기기 편리하다.

(2) [적합한 용도]
(가) 스테이크 (나) 스파게티
[그렇게 생각한 이유]
(가)는 면이 넓어 스테이크를 굽기 편리하고, (나)는 깊이가 깊어 스파게티 요리를 하기 편리하다.

(3) [적합한 용도]
(가) 기름이 적은 음식 (나) 기름이 많은 음식
[그렇게 생각한 이유]
(나)가 (가)보다 깊이가 깊어 기름이 프라이팬 밖으로 많이 튀지 않는다.

(4) [적합한 용도]
(가) 양이 적은 음식 (나) 양이 많은 음식
[그렇게 생각한 이유]
(나)가 (가)보다 깊이가 깊어 많은 양의 음식을 요리하기 편리하다.

정답 및 해설

12

모범답안

- 냉풍기: 물이 증발(상태 변화)하면서 주위의 열을 흡수하는 원리를 이용하기 때문이다.
- 자동차 냉각수: 물이 증발(상태 변화)하면서 자동차 엔진의 열을 흡수하기 때문에 엔진의 온도를 낮춘다.
- 여름에 마당에 물을 뿌리면 시원하게 느껴지는 것: 물이 증발할 때 주위에서 열을 빼앗아 냉각 효과가 나타나기 때문이다.
- 건습구 습도계: 습구 온도계 구부에 있는 물에 젖은 헝겊에서 물이 증발(상태 변화)하면서 주위 열을 빼앗아가기 때문에 습구 온도와 건구 온도의 차이로 습도를 알 수 있다.

해설

물이 수증기로 상태 변화할 때는 부피가 증가하고 주위 열을 흡수한다. 주어진 자료는 상태 변화할 때 주위의 열을 흡수하는 원리를 이용한 예이므로 부피 증가를 이용한 예는 답이 아니다. 에어컨이나 냉장고는 증발열을 이용하는 예이지만 물의 상태 변화가 아니므로 답이 아니다.

13

예시답안

- 워터 슬라이드를 탈 때 물을 흘려보내면 마찰력이 줄어 더 잘 미끄러진다.
- 피젯 스피너는 베어링과 오일에 의해 마찰력이 작아 한번 돌리면 오랫동안 회전한다.
- 얇은 스케이트 날은 빙판을 누르는 압력을 높여 얼음을 녹인다. 얼음이 녹아 물이 생기면 물막에 의해 마찰력이 줄어 잘 미끄러진다.

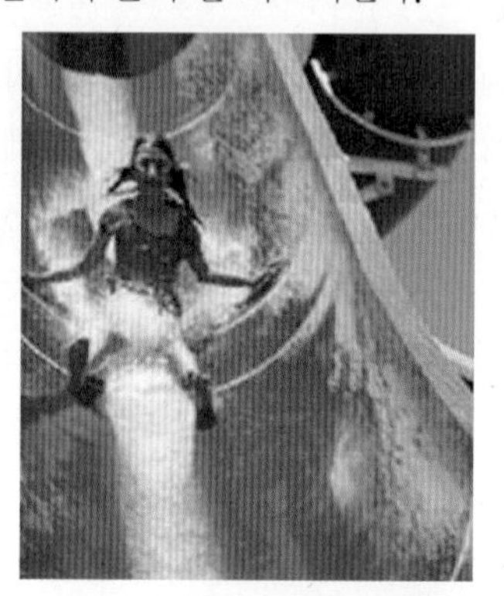

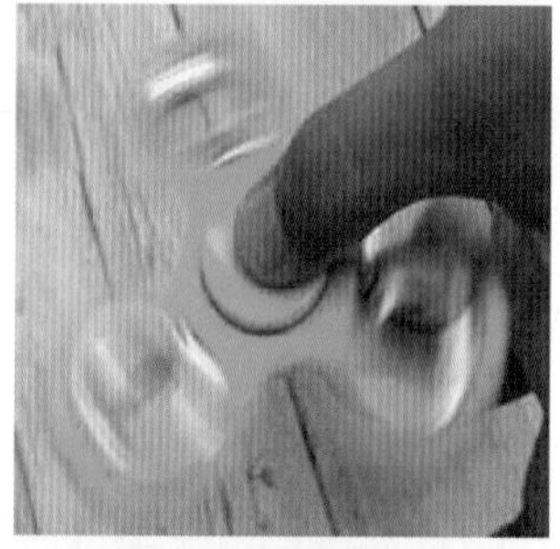

14

모범답안

- 공기가 희박하여 산소를 공급할 수 있는 기능
- 낮은 온도와 급격한 온도 변화에 견딜 수 있는 기능
- 자유낙하 시 발생하는 마찰열을 견딜 수 있는 단열 기능
- 공기가 희박하여 내부 공기압을 높여 지상과 비슷한 기압을 유지할 수 있는 기능

해설

지상으로부터 약 40 km 지점의 기온은 영하 60 ℃ 정도이다. 자유낙하를 할 때 급격한 기압과 온도 변화와 마찰열로부터 자신을 보호하기 위해 특별히 제작된 특수복을 입었다. 이 옷은 내부 공기압을 인위적으로 높여 지상과 비슷한 기압을 유지시켜 주는 여압복으로, 외피는 영하 20~56 ℃에 이르는 찬 공기와 하강 시 발생하는 마찰열로부터 인체를 보호하기 위해 세라믹, 광섬유와 같은 비금속 단열 소재가 사용되었다.

메모

STEAM
창의사고력
수학 100제

시대에듀와 함께 꿈을 키워요!

www.sdedu.co.kr

안쌤의 STEAM+창의사고력 수학 100제 초등 5학년

초판2쇄 발행 2025년 01월 10일 (인쇄 2024년 11월 12일)
초 판 발 행 2023년 05월 03일 (인쇄 2023년 03월 16일)
발 행 인 박영일
책 임 편 집 이해욱
편 저 안쌤 영재교육연구소

편 집 진 행 이미림
표 지 디 자 인 박수영
편 집 디 자 인 채현주 · 윤아영

발 행 처 (주)시대에듀
출 판 등 록 제 10-1521호
주 소 서울시 마포구 큰우물로 75 [도화동 538 성지 B/D] 9F
전 화 1600-3600
팩 스 02-701-8823
홈 페 이 지 www.sdedu.co.kr

I S B N 979-11-383-4898-0 (64400)
979-11-383-4897-3 (64400) (세트)
정 가 17,000원

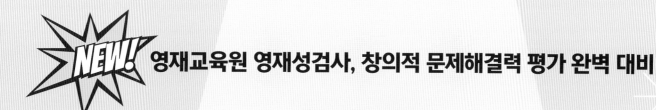

안쌤의

STEAM + 창의사고력 수학 100제

초등 5학년

시대에듀

발행일 2025년 1월 10일 | **발행인** 박영일 | **책임편집** 이해욱 | **편저** 안쌤 영재교육연구소
발행처 (주)시대에듀 | **등록번호** 제10-1521호 | **대표전화** 1600-3600 | **팩스** (02)701-8823
주소 서울시 마포구 큰우물로 75 [도화동 538 성지B/D] 9F | **학습문의** www.sdedu.co.kr

영재 사고력 수학 단원별 · 유형별 시리즈

전국 각종 수학경시대회 완벽 대비

대학부설 · 교육청 영재교육원 창의적 문제해결력 검사 대비

창의사고력 + 융합사고력 + 수학사고력 동시 향상